Axure RP

原型设计基础
与案例实战

冀托◎编著

 机械工业出版社
China Machine Press

图书在版编目（CIP）数据

Axure RP 原型设计基础与案例实战 / 冀托编著. —北京：机械工业出版社，2017.12

ISBN 978-7-111-58438-4

Ⅰ．A… Ⅱ．冀… Ⅲ．网页制作工具 Ⅳ．TP393.092.2

中国版本图书馆 CIP 数据核字（2017）第 278270 号

Axure RP 原型设计基础与案例实战

出版发行：机械工业出版社（北京市西城区百万庄大街 22 号 邮政编码：100037）

责任编辑：欧振旭 李华君　　　　　　　　　　　　　　责任校对：姚志娟

印　　刷：中国电影出版社印刷厂　　　　　　　　　　　版　　次：2018 年 1 月第 1 版第 1 次印刷

开　　本：185mm×260mm 1/16　　　　　　　　　　　印　　张：20

书　　号：ISBN 978-7-111-58438-4　　　　　　　　　　定　　价：89.00 元

凡购本书，如有缺页、倒页、脱页，由本社发行部调换

客服热线：（010）88379426　88361066　　　　　　　投稿热线：（010）88379604

购书热线：（010）68326294　88379649　68995259　　读者信箱：hzit@hzbook.com

配套学习资源

本书免费提供了大量的超值学习资源。这些资源是读者从"初学者"成长到"资深产品经理"的各个阶段都需要的。其主要有以下 4 个部分：

- 同步配套教学视频——适合初学阶段；
- 书中的案例源文件——适合初学阶段；
- 原型模板——适合工作中拿来就用；
- "原型库"项目——适合工作中提升效率。

下面对这 4 个部分的学习资源作简单介绍。

1. 同步配套教学视频——适合初学阶段

作者按照本书的结构和内容，录制了"小明学 Axure"系列教学视频，如图 1 所示。该系列教学视频上线后，受到了很多读者的喜爱。

图 1 "小明学 Axure"系列教学视频

2. 书中的案例源文件——适合初学阶段

本书提供了书中涉及的所有案例的源文件，如图 2 所示。读者可以一边阅读本书，一边参照源文件动手练习，这样可以对书中的内容有更加直观的认识，从而逐渐培养自己的产品意识。

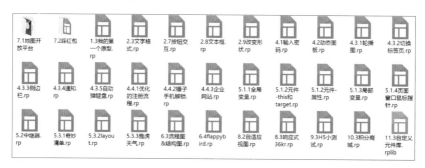

图 2　本书案例源文件

3. 原型模板——适合工作中拿来就用

本书附带提供了大量的原型模板文件。这些模板是作者在多年的工作中自己原创并积累下来的，共分为 15 类，如图 3 所示。读者在今后的工作中可以修改后直接使用，从而大大提升工作效率。

图 3　原型模板文件

4. "原型库"项目——适合工作中提升效率

当读者积累了一些工作经验之后,就可以参加作者的"原型库"项目。一方面,读者可以上传自己的原型作品给他人提供便利;另一方面,读者也可以免费获得他人共享的海量原型资源,如图 4 所示。这些原型资源都是实际工作中经常使用的,实用性很强。

H5-ibeacon.rp	web效率办公-项目管理协作.rp	旅游出行-嗨皮兔游创空间.rp
H5-毕业纪念.zip	web效率办公-在线互动会议室.rp	旅游出行-面包旅行.rp
H5-踩红包.rp	电话通讯-mailbox.rp	旅游出行-停车管理端统计.rp
H5-抽奖转盘.rp	电商-渤海地区蔬菜交易平台.rp	旅游出行-微游记.rp
H5-加密情书微信版.rp	购物-VOGUE.rp	其他-黑猫云车.rp
H5-色相测试.rp	购物-百洋商城-用药提醒.rp	生活服务-格瓦拉电影.rp
H5-微信打飞机.rp	购物-一元夺宝.rp	生活服务-逼么.rp
H5-一条.rp	购物-邮品汇.rp	生活服务-猫眼电影.rp
IPAD购物-VOGUE.rp	交通导航-违章处理.rp	生活服务-选举.rp
O2O-房屋租赁.rp	教育培训-365好老师_辅导教师预约平台.zip	生活实用工具-yahoo_weather.rp
O2O-送药.rp	教育培训-粉笔公考.rp	生活实用工具-美食美家.rp
O2O-找药师.rar	教育培训-海洋知识.rp	生活实用工具-天气.rp
PC客户端-麦客联系人管理.rp	教育培训-在线组卷考试原型.rp	视频-玖果视频4.0.rp
web电商-变压器.rp	教育培训-职工考试.rp	图像-eyeem.rp
web后台-P2P风控系统报表.rp	金融理财-互金app助农贸易贷线上借款.zip	图像-layout.rp
web后台-USA进口车业务管理系统.rp	金融理财-金融app.rp	网赚-福利推公众账号.rp
web后台-电科导航土地深松管理系统系统模板.rp	金融理财-体验金.rp	网赚-移动社交推广APP.rp
web后台-电商后台.rar	丽人母婴-宝宝时间.zip	系统工具-smartisian解锁.rp
web后台-公众号数据.rp	聊天社交-点滴.rp	系统工具-链接泡泡.rp
web后台-合众汽车运输管理.rp	聊天社交-朋友走起.rp	效率办公-wunderlist.rp
web后台-医疗诊室管理平台.rp	聊天社交-趣汇.zip	效率办公-番茄时钟.rp
web后台-用户权限管理.rp	聊天社交-伍兵.rar	效率办公-易销助手.rar
web后台-招商银行专业版.rp	聊天社交-鱼塘.rp	效率办公-有道云笔记.rp
web后台-综拓系统.rp	聊天社交-知乎.rp	新闻阅读-36kr.rp
web旅游出行-嗨皮兔游创空间.rp	旅游出行-airbnb.rp	新闻阅读-Facebook-Paper.rp
web旅游出行-一起穷游吧.rp	旅游出行-嗨皮兔旅游直销交易平台.rp	新闻阅读-yahoo news digest.rp

图 4 "原型库"项目

5. 配套学习资源获取方式

本书提供的配套学习资源需要读者自行下载。有以下两种下载途径:

(1)登录机械工业出版社华章公司的网站 www.hzbook.com,然后搜索到本书页面,按照页面上的下载说明下载即可。

(2)关注并访问公众号"Axure 大师",在公众号的相关模块中进行下载。

前 言 FORWARD

为提高沟通和演示的效率，越来越多的产品经理利用原型设计工具来表达产品需求，这使得原型设计工具越来越普及。当产品经理设计出原型并演示出来后，不但可以更好地表达产品设计的想法和需求，还可以提高和团队成员沟通的效率。

Axure RP 软件是美国 Axure 公司的旗舰产品。因其强大的交互功能和操作的便捷性，目前已成为最流行的原型设计工具。作为一款专业的原型设计工具，它能快速、高效地创建原型，同时支持多人协作设计和版本控制管理。很多大公司专业人士都将其作为设计工具，包括产品经理、IT咨询师、用户体验设计师、交互设计师、界面设计师、商业分析师及可用性专家等都在使用该软件，甚至连一些架构师和程序员也都在使用 Axure RP 软件。

本书从初学者的角度出发，结合笔者多年的产品实战经验，以"基础知识点 + 实战操作"的形式编写而成。书中不但注重 Axure RP 常用功能的讲解，而且在讲解过程中还穿插了大量的实战案例以提高读者的动手能力。

希望通过本书，可以帮助那些刚开始学习 Axure RP 软件的新手，以及刚成为产品经理或者希望将来成为产品经理的人，能全面、快速地掌握 Axure RP 软件的各项功能，并能利用该软件设计出各种精美的原型图，最终成为原型设计的高手。

本书特色

1. 免费提供大量的超值学习资源

笔者特意为本书录制了同步配套教学视频，以帮助读者快速、直观地学习。另外，笔者还分享了自己在工作中积累的大量原型模板。这些原型模板都是笔者亲自制作的，绝不会用"复制 + 粘贴"的不负责方式敷衍读者。这些资源的获取方式及使用方法在本文之前的"配套学习资源"中都有详细介绍。

2. 内容全面，涵盖 Axure RP 的各个方面

本书涵盖 Axure RP 原型设计的各个方面，包括样式设置、交互动画、变量和函数、动态面板、中继器、自适应视图、模板和元件库等，避免出现知识"死角"的情况。

3. 以"基础知识点 + 实战操作"的形式编写

原型设计有很强的应用性，所以本书尽量结合实用案例来讲解。在"做"中学习，在"做"中思考。

另外，对于必学知识点，笔者进行了精心甄选、优化和总结，并对原型制作背后的 Axure RP 软件运行机制与原理也做了深入剖析。

4．大量采用来自一线的真实案例，选例多样

笔者是有多年原型设计经验的一线产品经理，手头积累了大量的一线原型设计实战案例。为了适应当前原型设计的实际需要，书中的案例特意选择了网站和 APP 两大领域。这些案例大多数是笔者花费了很多心血的原创作品，还有一些是笔者对精彩交互作品的借鉴。通过这些案例，笔者分享了大量很实用的设计技巧，以及比较前沿的设计理念。可以说，本书是一本实战性超强、"干货"特多的原型设计书。

5．图文并茂，讲解细致

本书在讲解案例时，给出了明确的设计思路和详细的制作步骤，并提供了大量的图片来展示设计过程和实际效果，读者只要按照书中的步骤一步步操作，便可完成作品。

6．利用最新的技术进行创新

本书在介绍将第三方平台的技术融入到原型制作中时，给出了一些独特而创新的原型制作技巧。例如，使用"百度地图"及"新浪云"等第三方平台制作原型案例。

7．结合工作经验，介绍团队协作技巧

本书除了讲解 Axure RP 软件功能及其原型设计外，还介绍了实际产品研发过程中涉及的工作流程、团队配合、沟通技巧，以及交互设计的一些常识和行业惯例。这些知识将有助于读者成为一名合格的产品经理。

本书内容

本书共 12 章。书中的大部分章节由基础知识和进阶实战案例两个部分组成，便于读者在学习了 Axure RP 软件的基础知识后可以将其应用于实际案例中，从而加强对原型设计的理解。下面对各章的内容作一个简要的介绍。

第 1 章 Axure RP 基础，首先介绍了 Axure RP 的基础概念和软件界面，让读者对该软件有一个初步了解，然后带领读者开始实践——制作第一个原型。

第 2 章 样式设置，介绍了颜色、阴影、文字格式、绘制图形和交互样式等常用的设计原型静态样式的方法，最后应用这些方法给不同模块制作背景设计、网站原型和 APP 原型。

第 3 章 原型设计准则，参考笔者的产品实战经验，总结了一些原则性和方向性的建议。

第 4 章 交互动画，介绍了触发事件、用例、条件和交互动作的含义，并介绍了如何用动态面板做交互动画，最后通过几个精彩的交互案例加深读者对交互的理解。

第 5 章 数据操作，介绍了如何使用变量、函数和中继器操作原型中的数据，并通过案例带领读者学习如何在原型中实现数据的增加、删除、修改、查看，以及利用数据实现更加高级的交互动画。

第 6 章 复杂原型的规划，介绍了如何规划原型结构，让复杂的原型变得容易修改，从而实现

快速迭代。

第 7 章 带地图的原型，介绍了使用地图开放平台制作地图页面，并把地图页面加入原型之中。

第 8 章 响应式原型设计，介绍了使用自适应视图的方法，从而让读者形成响应式设计思维。

第 9 章 手机上可访问的原型，介绍了利用云平台分享原型，并介绍了如何设置原型尺寸及视口标签，从而让原型能在手机上展示。

第 10 章 母版，介绍了如何利用母版提升制作原型的效率。

第 11 章 元件库，介绍了如何使用元件库来制作自己的元件库。

第 12 章 团队协作，介绍了团队项目的创建和使用，并学习团队协作的方法。

本书读者对象

1. 完全没有基础的初学者

如果你完全不会使用 Axure RP 软件，更没有设计过原型，那么本书是你的理想选择。你可以通过本书一步步掌握 Axure RP 的基础知识，并能参照书中的案例来提高自己的软件使用水平和原型设计能力。

2. 简单接触过 Axure RP 的学习者

如果你在阅读本书之前简单接触过 Axure RP 软件，那么本书还可以帮你更加系统地学习 Axure RP 的各项功能。除了提升软件使用水平外，你还可以从本书中获得大量的产品设计实战经验，以及交互设计的实用技巧。

3. 正在使用 Axure RP 进行原型设计的产品经理

如果你是一个产品经理，那么本书也非常适合你在工作中随查随用。而且本书免费提供的大量学习资源也将是你工作中的得力助手，可以帮助你大大提升工作效率。

关于作者

本书由冀托主笔编写。另外，苏昊明等人也参与了本书的写作。本书主笔冀托曾经参与设计过多个原型产品，积累了大量的原型设计经验，还通过公众号"Axure 大师"分享了大量的 Axure RP 学习教程、案例和模板文件。

联系我们

虽然我们对书中所述内容都尽量核实，并多次进行文字校对，但因时间所限，加之水平所限，书中可能还存在疏漏和错误，敬请广大读者批评和指正。联系我们请发电子邮件到 hzbook2017@163.com。

目 录 CONTENTS

01

第 1 章

Axure RP 基础

本章将介绍 Axure RP 的基础知识。首先介绍 Axure RP 的用途，通过一些案例，让读者了解 Axure RP 可以做出什么样的原型。然后开始介绍 Axure RP 软件界面。最后带领读者利用所学的基础知识动手做出第一个原型。

1.1 Axure RP 是干什么用的

本节将介绍 Axure RP 在实际工作中的作用，并展示几个 Axure RP 做出的案例，了解 Axure RP 可以做出什么样的原型。

1.1.1 Axure RP 是原型设计软件

Axure RP 是一款专业的原型设计软件，是最流行的原型设计工具之一。它能快速、高效地演示产品，准确地表达产品设计人员的意图和想法。

Axure RP 的特点是交互功能非常强大，不需要写一行代码，就能实现非常复杂的交互效果。其逼真的交互效果能准确地传达设计者的意图。

在互联网公司，原型贯穿于整个产品开发流程中。

- 需求分析阶段：产品经理根据用户需求通过 Axure RP 制作出产品的原型。
- 产品讨论阶段：原型制作完成后，产品经理可以给客户、领导和同事演示原型。相比随手绘制的草图、示意图，可交互的 Axure RP 原型可以让大家更加直观地看到未来产品的样子，便于团队进行讨论和修改。在获取反馈后，可在 Axure RP 中即时修改原型，快速形成一个大家共同认可的产品设计。
- UI 设计阶段：设计部门的同事会参考原型，做出界面的设计图。
- 研发阶段：研发部门的同事会参考原型，实现产品的各项功能。

产品开发就这么一步一步实现了。可以说，制作原型是产品经理必备的技能。学习制作优秀的原型是成为产品经理的第一步。

1.1.2 Axure RP 原型案例

Axure RP 最初的版本是用来制作网页原型的。但是随着功能的迭代和周边资源的完善，现在的 Axure RP 已经可以制作各种互联网产品的原型了。下面列举一些案例。

1. 电商网站原型

Axure RP 可以做出页面跳转、切换、弹窗等常用的交互效果。例如，图 1-1 中的原型可以按类别、价格范围筛选商品列表。单击"排序"按钮，可以弹出选择排序方式菜单；单击商品图，可以进入商品详情页面。该电商网站原型功能完备，甚至可以完成下单功能，除了商品不会邮寄到家，其他购物流程的体验完全可以做到和真实电商网站一模一样。

2. 数据后台原型

Axure RP 的控件非常丰富，简单组合就能做出折线图、饼图等各种图形。如图 1-2 所示的折线图就是用"水平线"元件变形画出来的；图 1-2 中的饼图是用"椭圆形""饼图"元件组合画出来的。

图 1-1　电商网站原型

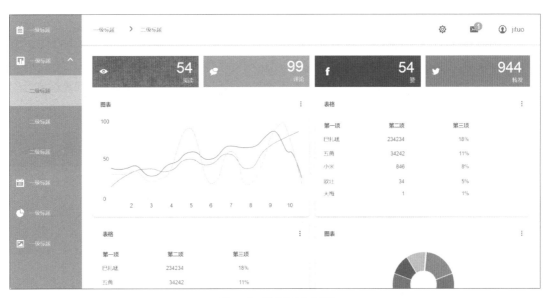

图 1-2　数据后台原型

3. 直播 APP 原型

Axure RP 的排版、图片剪裁、编辑功能非常强大。如图 1-3 所示，图 1-3a 中正方形的原图编辑出了圆角，图 1-3b 中正方形的头像剪裁为圆形。

Axure RP 可以模拟 APP 的列表滑动、页面切换等交互效果。例如图 1-4a 中的标签可以横向滑动，列表可以竖向滑动，单击图片可以切换到图 1-4b 的页面，并且灵活运用"内部框架""动态面板"等元件，可以模拟播放视频、发弹幕的效果。

编辑出了圆角 ————

头像剪裁为圆形

a)　　　　　　　　　　　b)

图 1-3　直播 APP 原型

4. 社交 APP 原型

Axure RP 可以方便地做出透明、阴影等效果，如图 1-4 中顶部图片上的半透明遮罩，底部按钮上的阴影等。

Axure RP 可以模拟关注好友后页面状态的改变，以及聊天时发送文字及自动回复等效果。

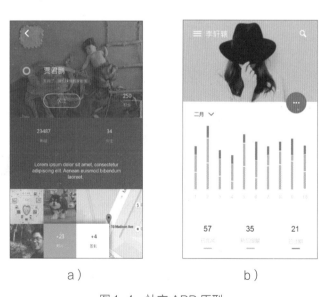

a)　　　　　　　　　　　b)

图 1-4　社交 APP 原型

5. 待办事项 APP 原型

Axure RP 中最复杂的功能就是数据管理功能。例如图 1-5 所示的待办事项 APP 原型，可以实现数据输入、保存和删除效果。

　　在图 1-5b 的输入框中可以输入任意文字。输完后，按 Enter 键即可将输入的文字作为标题，新增待办事项。新增的待办事项会显示在下方列表中。单击列表右侧的星形按钮，可以用来标识重要的待办事项。单击勾选左侧的复选框，会将待办事项标记为"已完成"。"已完成"的待办事项会移入"已完成"列表。

a）　　　　　　　　　　　　　　b）

图 1-5　待办事项 APP 原型

1.1.3　使用 Axure RP 原型

　　Axure RP 做出的原型可以发布成网页形式。上面案例中的原型发布的网页都可以上传到官方或自建的服务器上。将网站原型的网址发给他人访问，几乎能以假乱真。将 APP 原型调整到合适的尺寸后，原型可以直接在手机上访问，就像在使用一个真正的 APP。

1.2　基础概念

　　本节将按顺序介绍 Axure RP 软件界面上各个区域的功能，熟悉 Axure RP 的基础操作。然后对涉及的功能进行解释，掌握 Axure RP 的基础概念。

1.2.1　软件界面概述

　　在学习制作原型之前，先来了解一下 Axure RP 软件的界面。

如图 1-6 所示，Axure RP 的界面包括如下几部分。

（1）菜单：包括文件、编辑、视图、项目、布局、发布、团队、账户和帮助。文件的管理、软件的设置等功能可以在菜单中找到。

（2）快捷功能：画笔、对齐等常用的功能按钮都平铺在这里。

（3）站点地图：Axure RP 可以制作多个页面的原型。在站点地图里可展示多个页面的层级关系。

（4）元件库："文字""图片""输入框""按钮"等所有元件都放在这里。原型就是由这些元件组成的。

（5）母版：多个元件可以组成一个母版。母版可以在多个页面中重复使用。例如，网站导航栏就可以组成一个母版在每个页面中使用。

（6）画布：画布是用来画原型的地方。画原型的过程就是把元件从元件库中拖曳到画布上组成原型。

（7）属性设置：设置元件的样式和动作属性。动作属性是实现交互动画的主要手段。

（8）元件地图：元件地图可展示页面上所有元件的层级关系。元件的层级关系一般是通过一个叫做"动态面板"的元件来管理的。所以这里主要用来查看和管理"动态面板"。

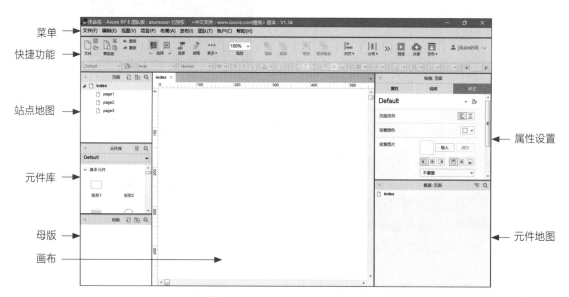

图 1-6　Axure RP 界面说明

虽然 Axure RP 的界面看起来有些复杂，但是有些功能在实际工作中很少用到。为了让读者能快速掌握 Axure RP，下面重点介绍最常用的功能，并解释其中难懂的概念。其他功能将放在后面，在读者有一定基础之后再介绍。

 提示：

如果不小心关闭了界面上的窗口，可以利用菜单"视图"｜"功能区"命令重新打开。

1.2.2　画布

Axure RP 软件界面中心区域就是画布，如图 1-7 所示。一般把制作原型的过程叫做"画原型图"。原型就是在画布上画出来的。

画布分为以下 3 部分。

（1）中间空白区域用来放置"元件"。Axure RP 是所见即所得的，画布上元件摆成的样子基本上就是最终原型的样子。

（2）顶部是页面标签。标签上显示页面的标题。页面的标题可以在站点地图中修改。

（3）左边和上边是标尺。上面的刻度是坐标（单位：像素），与计算机显示器的分辨率（单位：像素）对应。

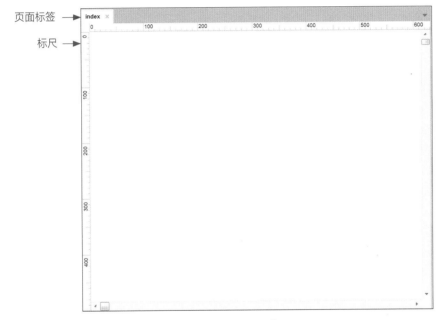

图 1-7　画布

设计原型前就应该考虑好原型要在什么设备上展示，按目标设备的分辨率规划原型的大小。

计算机显示器的分辨率与原型的坐标值是对应的。但是，手机的分辨率与原型的坐标值不是 1 : 1 的。例如，如果想让原型在 iPhone 7 上的显示效果最佳，那么原型应该做成多大好呢？第 9 章会给出答案。

小知识：

画布上有一些快捷操作：

（1）Ctrl+ 鼠标滚轮，用于放大缩小页面。

（2）Shift+ 鼠标滚轮，用于横向滑动页面。

1.2.3 坐标

元件是放置在画布上的。元件在画布上的位置通过坐标来描述。元件的坐标值指的是元件左上角那个点的坐标值。例如，图 1-8 中文本框的坐标是 $x=0$，$y=0$。按钮的坐标是 $x=212$，$y=130$。

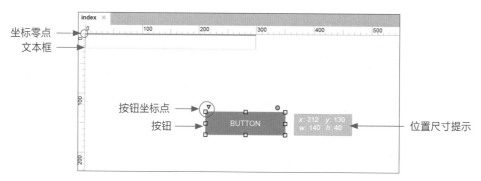

图 1-8　坐标

光标停在元件边缘时，Axure RP 会自动提示元件的坐标、尺寸。x 为横坐标，y 为纵坐标，w 为宽度，h 为高度。

从标尺上可以看出，横坐标越向右值越大，纵坐标越向下值越大。坐标值为负数时，元件会超出屏幕显示范围。

1.2.4 元件库

做原型的过程就像是搭积木——把元件库里的元件拖曳到画布上，设好颜色、大小，就能"搭"出想做的网站 /APP 的样子。

Axure RP 默认的元件库中提供了多种元件，如图 1-9 所示。

图 1-9　Axure RP 默认的元件库

下面分别介绍这些元件。

1. 图形类元件

如图 1-9 中的矩形 1、矩形 2、矩形 3、椭圆形和后面的占位符都属于图形类的元件。把它们拖曳到画布上如图 1-10 所示。

- 单击元件，可以将其选中。
- 拖曳元件，可以移动位置。
- 拖曳元件边缘，可以改变大小。
- 双击元件，可以在元件上输入文字。

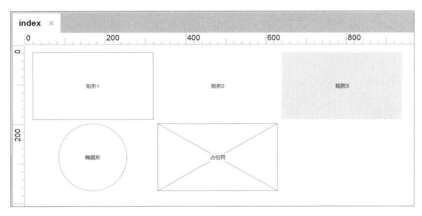

图 1-10　图形类元件

在上方的快捷功能区（如图 1-11 所示）可以设置元件的文字格式，元件本身的颜色、阴影效果，以及边缘线的颜色、形式。

图 1-11　快捷功能区

 提示：

矩形 2 和矩形 3 没有边缘线。

图形类元件可以用来制作原型中的分隔框、背景、按钮等，其他用途有待用户在使用中发掘。其中，占位符常常用来代表图片。如图 1-12 中的占位符用来表示页面顶部的轮播图。

图形类元件可以改变形状，如图 1-13 所示。单击矩形，右上角会出现一个"小圆球"。单击小圆球，弹出形状菜单。单击其中任意一个图形（如五角星），矩形就会变为五角星。所有的图形类元件都可以相互转换。

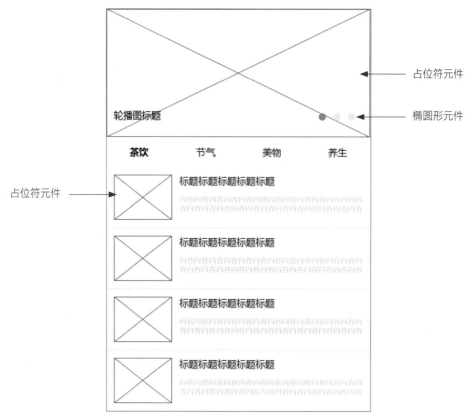

图 1-12　用占位符表示轮播图

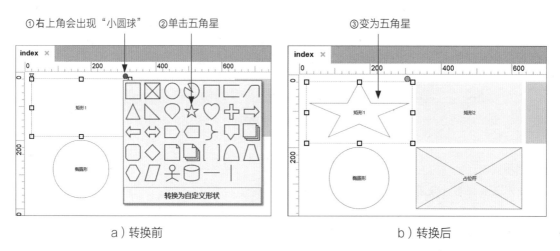

图 1-13　图形类元件转换形状

如图 1-14 是图形类元件的一些应用。

除了上述图形，Axure RP 还支持用"钢笔"功能画出任意形状。这个功能在第 2 章会详细介绍。

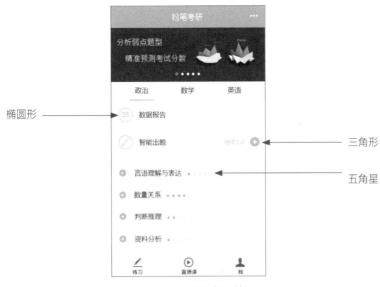

椭圆形 ————————→

————————→ 三角形

————————→ 五角星

图 1-14　图形类元件

2. 按钮类元件

按钮类元件包括按钮、主要按钮和链接按钮，添加到画布上后如图 1-15 所示。

- 按钮：是预先设置了倒角、加了文字的矩形。
- 主要按钮：是预先设置了填充颜色的按钮。
- 链接按钮：是没有边缘线的按钮。

a）按钮　　　　　　b）主要按钮　　c）链接按钮

图 1-15　按钮类元件

其实，按钮类元件也属于图形类元件，只是样式不同而已。

3. 图片元件

把图片元件添加到画布上后如图 1-16 所示。

图片元件可以像"占位符"一样用来代表图片。

双击图片元件，会弹出文件对话框，选择一张图片即可添加图片到原型中。不过，Axure RP 也支持直接将图片复制（Ctrl+C）、粘贴（Ctrl+V）到画布上。所以，实际工作中，除非有动态加载的需求，否则很少通过图片元件来添加图片。

下面举一个通过图片元件来动态加载图片的例子。

如图 1-17a 是一个照片编辑工具的原型。这个页

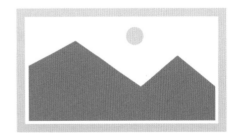

图 1-16　图片元件

面需要动态加载上一个页面中用户选择的照片。原型中，这个页面上放置了 4 个图片元件来占位。上一个页面中通过交互动作记录用户选中的照片。读取这个页面时，设置交互动作动态加载照片，如图 1-17b 所示。第 5 章会对这个案例做详细介绍。

a）原型   b）发布后的效果

图 1-17　动态加载图片

4. 文字元件

把一级标题、二级标题、三级标题、文本标签、文本段落添加到画布上后如图 1-18 所示。

图 1-18　文字元件

文字元件通常用来制作原型中的标题、简介和正文等。

双击文字元件，即可直接修改文字。通过快捷功能区（如图 1-19 所示），可以设置文字的字体、颜色和格式。

图 1-19　设置文字的字体、颜色和格式

原型中通常要将文字设置为不同的样式，以此强调或弱化不同信息的重要程度，如图 1-20 所示。

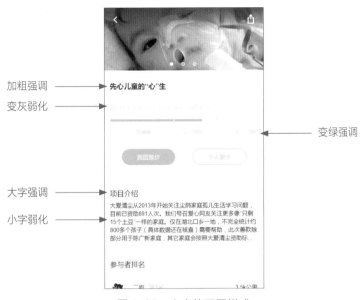

图 1-20　文字的不同样式

5. 水平线和垂直线

水平线和垂直线通常用来制作原型中的分隔线和箭头等。

水平线和垂直线可以改变线的粗细、虚实、颜色，并且可以增加箭头，如图 1-21 所示。

a）水平线和垂直线　　　　　b）加粗、加箭头的水平线和虚线垂直线

图 1-21　水平线和垂直线可以改变粗细、虚实并增加箭头

6. 热区

"热区"在 Axure RP 的画布上看起来是一个浅绿色矩形，如图 1-22 所示。其实原型发布之后，热区是透明的。

热区有什么作用呢？其可以扩大点击区域。

例如，图 1-23 的原型交互效果是用户点击"标签"那一行进入个人相册页面。如果没有热区，要实现这个效果需要把"小机册"4 个字、图片及底部白框都设置上交互动作。有了热区则可以在 3 个元件上放一层透明的热区，然后只在热区上设置交互动作即可。

如图 1-23 中的绿色部分就是热区。热区把点击区域扩大到了整行。

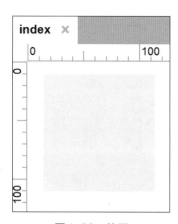

图 1-22　热区

图 1-23　"热区"可以扩大点击区域

7. 内联框架

内联框架放在画布上如图 1-24 所示。

内联框架可以链接到原型内的页面或外部网页。双击内联框架，会弹出设置链接的对话框，如图 1-25 所示。

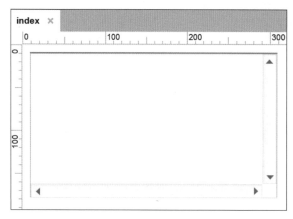

图 1-24　内联框架

图 1-25　设置内联框架链接

- 链接到当前项目的某个页面：可以让当前原型中其他页面出现在内联框架所在的位置。
- 链接到 URL 或文件：可以让任意网站的网页出现在内联框架所在的位置，包括网络视频。通过视频网站的视频分享功能获取分享链接，在超链接输入框中填写视频的分享链接，就可以实现在原型中显示视频的效果。

8. 动态面板

动态面板放在画布上后如图 1-26 所示。

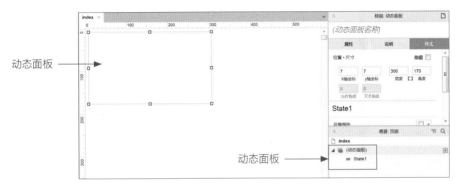

图 1-26　动态面板

新建的动态面板在元件地图上显示为两行，如图 1-26 中的标注框所示。其中，第一行是动态面板，第二行是动态面板的一个状态，名称为 State1。动态面板可以添加多个状态。

动态面板和状态是什么关系呢？打个比方，动态面板相当于一个卡片盒，状态相当于卡片。一个卡片盒可以装多张卡片，但只有最上面的一张卡片可以被人看到。

动态面板常用来制作子页面。如图 1-27 所示案例中，需要给 APP 制作 3 个子页面，分别是"慈善项目""跑团""我的"页面。

a）慈善项目页面　　　　　　b）跑团页面　　　　　　c）我的页面

图 1-27　需要制作 3 个子页面

制作原型时，先添加一个动态面板，然后在动态面板中添加 3 个状态，再分别在每个状态中制作一个子页面，如图 1-28 所示。

动态面板的 3 个状态

原型的 3 个子页面

图 1-28　动态面板的 3 个状态对应 3 个页面

在元件地图中双击状态名称可以进入状态的页面，如图 1-29 所示。

当前选中的页面

图 1-29　"慈善项目"状态页面

制作完 3 个状态之后。默认情况下，"慈善项目"状态在最上层，所以只能看到"慈善项目"页面。通过一些交互设置，可以实现点击底部导航栏，切换显示其他两个子页面的效果。具体的设置方法会在第 4 章中详细介绍。

9. 中继器

中继器在画布上的样子如图 1-30 所示。可以看到，中继器元件有 3 个矩形。双击中继器，进入中继器的页面，如图 1-31 所示。在中继器页面中只有一个矩形。

中继器的作用就是"复制"，其实中继器翻译为"复制器"更准确些。中继器可以设置复制的次数、新的复制品如何摆放，以及每次复制时如何对元件做调整。例如，图1-30中的中继器的复制次数是3，新的复制品纵向排列，每次复制时改变矩形元件上的数字。

图1-30　中继器元件

图1-31　中继器页面

中继器还可以存储管理数据。如果原型需要输入、编辑数据，则可以用中继器来实现。在第5章中会有更详细的介绍。

10. 表单元件

Axure RP 把一些常见的网页中用于输入、选择的元件统称为表单元件，包括文本框、多行文本框、下拉列表框、列表框、复选框、单选按钮和提交按钮。这些元件在画布上的样子如图1-32所示。

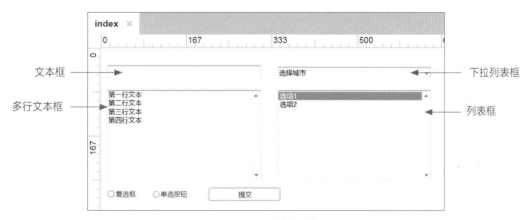

图1-32　表单元件

双击文本框和多行文本框可以直接编写内容。

双击下拉列表框和列表框，会弹出编辑窗口。在窗口中可以添加列表项、上下调整列表项顺序、删除列表项、清除全部列表项。还可以一次添加多个列表项（如图1-33所示），每行算作一个列表项。

单击复选框或单选按钮，则选中或取消选中复选框或单选按钮。双击复选框或单选按钮，可以编辑文字。

a）编辑列表项

b）添加多个列表项

图 1-33　编辑列表框

🔔 提示：

"提交按钮"与前面提到的按钮的区别是，提交按钮拥有默认 Web 交互样式，包括正常的样式、光标悬停的样式、鼠标单击的样式等，如图 1-34 所示。而前面提到的按钮只是类似矩形的元件，没有默认的样式。所以，提交按钮适用于 Web 网站原型，其他按钮适用于 APP 原型。

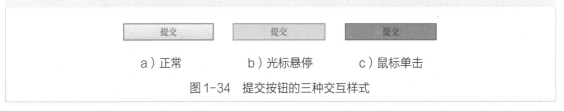

a）正常　　　　　　b）光标悬停　　　　c）鼠标单击

图 1-34　提交按钮的三种交互样式

单选按钮可以设置成"组"。例如，选择 3 个单选按钮，如图 1-35 所示，可以在属性栏设置"组"名称。原型中同一组单选按钮，在同一时间内只能有一个处于选中状态。

11. 表格元件

表格元件在画布上的样子如图 1-36 所示。

Column 1	Column 2	Column 3

图 1-35　单选按钮组　　　　　　　　　　图 1-36　表格元件

表格元件除了制作表格，还可以用来做列表，如图 1-37 所示。

☐ 全选	权限名称	权限代码	已删除	不可修改
☐	添加用户	UC-ADDUSER	否	是
☐	删除用户	UC-DELUSER	否	是

图 1-37　用表格元件做列表原型

12. 菜单类元件

Axure RP 中有 3 个菜单类元件，分别是树状菜单、水平菜单和垂直菜单。

（1）树状菜单在画布上的样式如图 1-38 所示。在树状菜单上右击，在弹出的快捷菜单中可以添加、编辑树状菜单上的节点。树状菜单自带了展开、收起子节点的交互效果。如果菜单层级比较多，用树状菜单表示会更清晰。

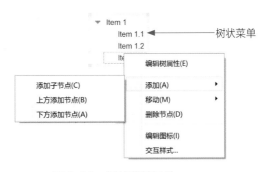

图 1-38　树状菜单元件

（2）水平菜单和垂直菜单在画布上的样式如图 1-39 所示。

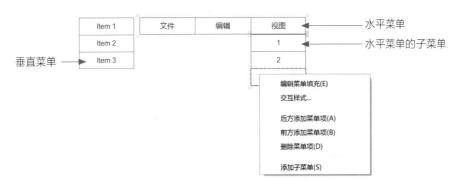

图 1-39　水平菜单和垂直菜单

在水平菜单、垂直菜单上右击，在弹出的快捷菜单中可以添加、编辑子菜单。这两种元件自带了交互效果：光标悬停时将弹出子菜单，光标移出时子菜单将隐藏。

提示：

水平菜单和垂直菜单适合制作层级比较简单的菜单，使用时可以根据整体页面布局来选择水平样式或垂直样式。

1.2.5 站点地图

站点地图可以管理原型中所有页面的层级。

新建原型时会默认添加 4 个页面，如图 1-40 所示。图 1-40 中可以看到顶层有一个 index 页面。index 页面下有 3 个子页面 page1、page2、page3。

右击页面会弹出快捷菜单，通过快捷菜单命令，可以添加、删除、重命名页面，如图 1-41 所示。

双击某一个页面，就可以在画布上打开这个页面，进行编辑、添加元件、添加交互等操作。

图 1-40　新建原型的站点地图　　　　　　　　图 1-41　添加、编辑页面

如图 1-42 是一个实际的游戏后台原型的站点地图。要做一个复杂的原型，需要先建立一个条理清晰的站点地图。很难想象如果没有站点地图，如何管理上百个页面。

a）站点地图　　　　　　　　　　b）站点地图及子页面

图 1-42　一个游戏后台的站点地图

1.2.6　母版

先看图 1-43 中的两个页面，可以发现两个页面的导航栏是相似的。如果查看整个原型的上百个页面，可以发现每个页面的导航栏都是相似的。

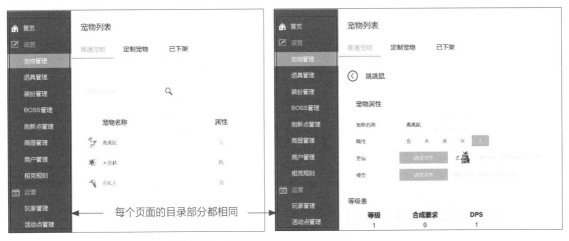

图 1-43　不同页面常常拥有相同的一些元件

如果原型中的多个页面都拥有相同的模块，那么最好将这个模块做成母版（如图 1-44 所示）。

母版的好处有以下两点。

（1）快速复制：母版可以像元件一样直接拖曳到画布上。

（2）方便维护：双击母版即可修改。例如，导航栏中有一个字错了，没用母版就要去所有页面改这个字，如果用了母版，则只需要在母版中修改，那么引用了母版的所有页面会随之自动更新。

图 1-44　母版

> 🔔 提示：
>
> *Axure RP 为了方便区分母版和其他元件，在母版上加了一层红色遮罩。如果感觉母版的遮罩颜色有干扰，则可以在菜单栏中选择"视图"｜"遮罩"命令，勾掉母版的遮罩。*

1.2.7　属性

Axure RP 的属性设置区域有 3 个小窗口。如图 1-45 是选中一个矩形元件时，3 个窗口的状态。

- 属性：设置元件的动作和交互。第 4 章会详细解释 Axure RP 中交互的原理，以及如何设置交互。
- 说明：如果原型比较复杂，元件上的交互较多，可以在说明窗口中写下一些备注信息，以防几个月后再打开原型时不记得元件的作用了。

■ 样式：设置元件的位置、尺寸、填充颜色、阴影、圆角、字体等视觉方面的属性。第 2 章
会详细解释常用元件的样式设置方法。第 3 章会给出一些设计上的建议和规范。

  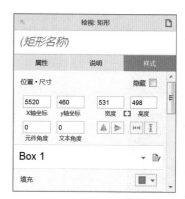

a）属性窗口 b）说明窗口 c）样式窗口

图 1-45　属性、说明和样式窗口

1.2.8　元件地图

元件地图以列表形式展示页面上的所有元件。如图 1-46 中可以看到页面上的矩形、占位符、
动态面板 3 个元件都显示在右侧的元件地图上了。

单击元件地图右上角的筛选按钮，在弹出的菜单中可以选择是否显示所有的元件，如图 1-47
所示。

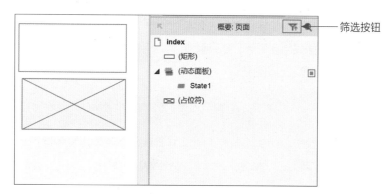 

图 1-46　元件地图 图 1-47　元件地图的过滤菜单

下面通过实例来看看过滤的效果，如图 1-48 所示。图 1-48a 显示所有元件，图 1-48b 只显
示动态面板。

> 🔔 提示：
> 复杂的原型会使用多个动态面板，每个动态面板又会有多个状态，从而形成一个复杂的层次
> 关系。用元件地图可以更方便地查看这种层次关系。

a）显示所有元件

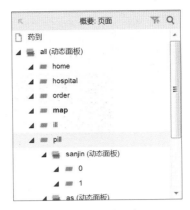
b）只显示动态面板

图 1-48　元件地图过滤后的效果

1.2.9　发布原型

在画布上做好的原型，可以发布成 HTML 网页，让其他人看到。

在 Axure RP 界面右上角菜单下面的区域，放置的是发布相关的按钮，如图 1-49 所示。

图 1-49　"预览""共享""发布"按钮

1．预览

单击"预览"按钮后，Axure RP 会根据原型生成一个临时网页，并通过浏览器展示该原型的网页，如图 1-50 所示。

Axure RP 生成的网页中左侧是导航栏，对应 Axure RP 原型中的站点地图。单击导航栏，可以切换原型中的不同页面。网页中右侧是原型，对应 Axure RP 原型画布上的所有元件。

🔔 提示：

　仔细观察图 1-50，可以发现 Axure RP 界面与网页并不完全相同。这是因为 Axure RP 界面对动态面板和母版做的遮罩在网页中是不显示的。另外，Axure RP 中设置的背景、100% 宽度等效果只有在网页中才会显示。

2．共享

共享功能与预览功能类似，但也有不同，主要表现在以下两点。

■ 预览功能生成的是临时网页，关闭 Axure RP 后网页就失效了。

■ 共享功能生成的是长期网页，上传到 Axure 官方平台的服务器上，生成一段长期有效的网址。

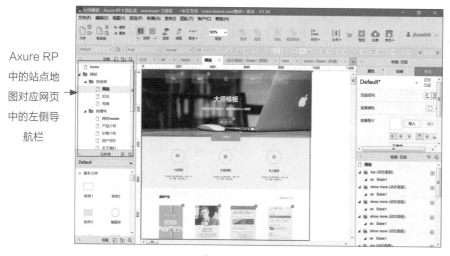

Axure RP
中的站点地
图对应网页
中的左侧导
航栏

a）Axure RP 中查看的效果

导航栏

画布上的
原型变成
了网页

b）在浏览器中预览效果

图 1-50　原型的预览效果

（1）要使用共享功能，需要有一个 Axure RP 账号。单击"登录"按钮，弹出如图 1-51 所示对话框。

（2）注册并登录 Axure RP 账号之后，Axure RP 界面会变成登录状态，如图 1-52 所示。

（3）登录后单击"共享"按钮，弹出对话框，如图 1-53 所示。

图 1-53 标题栏中的 Axure Share 就是 Axure 官方的原型发布平台。在 Axure Share 上可以保存原型文件，还可以生成原型网址。

在图 1-53 中还可以配置生成网页的方式，通常使用默认设置即可。在第 9 章会详细解释这里的配置选项，以及如何配置才能在手机上达到最佳显示效果。

■　第一次共享一个原型时，选择第一项"创建一个新项目"。一个原型文件就是一个项目。

如果原型涉密，还可以设置访问密码。

■ 第二次共享原型时，默认选择第二项"替换现有项目"。项目 ID 是 Axure Share 平台分配给每个项目的唯一 ID。一般这个 ID 就是原型网址的前缀。

图 1-51　注册 Axure RP 账号

a）登录前

b）登录后

图 1-52　登录 Axure RP 账号

图 1-53　发布到 Axure Share 上

（4）发布过程如图 1-54 所示。原型文件会上传到 Axure Share 平台。

（5）发布成功后如图 1-55 所示。窗口中的链接就是 Axure Share 生成的原型网址。在浏览器中直接打开即可查看原型。

实际工作中，如果不方便面对面给同事演示原型，可以将原型网址发给同事查看。

3. 发布

单击"发布"按钮后会弹出如图 1-56 所示的菜单。

- 预览：前面已经介绍过，这里不再赘述。
- 预览选项：与共享时的配置网页样式一样。
- 发布到 AxShare：就是之前介绍的"共享"功能。
- 生成 HTML 文件：会在本地生成 HTML 文件。可以调整本地存储地址，如图 1-57 中标注框所示。HTML 文件可以直接打包分享给同事查看。
- 在 HTML 文件中重新生成当前页面：含义如字面所述。当原型页面很多时，每次生成整个原型的 HTML 文件都要几分钟或十几分钟。如果只修改了一个页面，重新生成整个原型的 HTML 文件显然不合算。用这个选项可以只更新一个页面，几乎瞬间完成。相比"生成 HTML 文件"功能，它可以提高生成的效率。
- 生成 Word 说明书：可以生成 Word 文档。看起来很方便的功能，但如果没有给每个元件做好命名和备注，Word 文档几乎没法看明白。实际工作中也很少有人用这个功能。
- 更多生成器和配置文件：可以配置 Word 文档、CSV 文档、打印的样式。属于与生成文档配套的配置功能，同样比较"鸡肋"。

图 1-54　上传原型

图 1-55　发布成功

图 1-56　发布菜单

提示：

Chrome 浏览器和用了 Chrome 内核的浏览器无法直接打开 Axure RP 生成的 HTML 文件。浏览器会给出提示，如图 1-58 所示。

这个页面提示了"如何打开 Axure RP 网页"的方法，可以依照提示下载相应插件，解决这个问题。

如果读者觉得下载安装插件的过程比较麻烦，笔者推荐使用微软的 Edge 浏览器，可以直接打开 Axure RP 网页。

图 1-57　生成 HTML

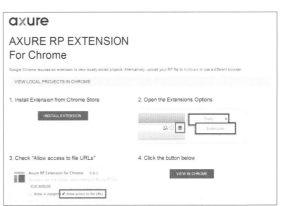

图 1-58　浏览器的提示

1.3　案例 1：我的第 1 个 Axure RP 原型——注册页面

前面已经介绍完了 Axure RP 最基础的概念和功能，下面该动手实践了。本节将带领读者学习做一个简单的"注册页面"，把之前讲过的概念串起来，加强对 Axure RP 的理解。

1.3.1　创建原型文件

打开 Axure RP 软件，在弹出的对话框中单击"新建文件"按钮，然后在菜单栏中单击"保存文件"按钮，如图 1-59 所示。最后，选择原型文件的保存地址。

②保存文件

①新建文件

图 1-59　新建 Axure RP 文件

1.3.2　添加元件

创建好原型文件之后，就可以开始制作原型了。首先介绍如何在画布上添加各种元件、移动元件的位置，以及编辑元件文字。

（1）从元件库中拖曳矩形、文字、按钮、复选框等元件到画布上，如图 1-60 所示。

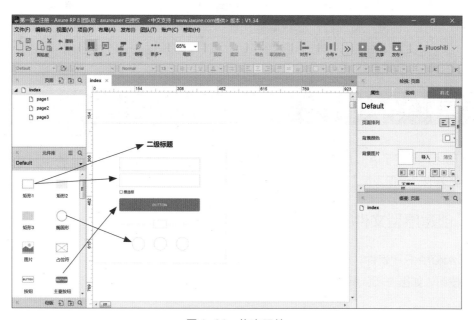

图 1-60　拖曳元件

（2）选中元件，拖曳元件边缘改变其形状大小，然后拖曳左上角的小三角调整圆角大小。调整好后，双击元件可以编辑文字。在功能区改变边缘线颜色、填充颜色和字体颜色，如图1-61所示。

图 1-61　调整样式

（3）从本书附带的模板中找到小图标，复制并粘贴到原型中。将原型调整到如图1-62所示的样子。

图 1-62　贴图

1.3.3　设置页面样式

不选择任何元件，属性栏会显示整个页面的属性，按图 1-63 所示设置页面样式。

- 页面排列：选择页面居中。
- 背景颜色：设为灰色。

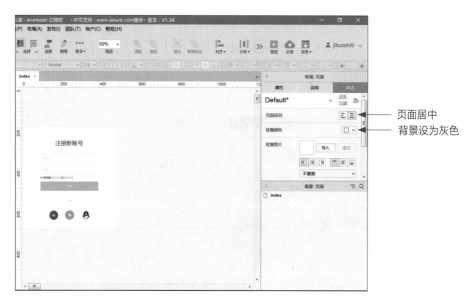

图 1-63　页面样式

1.3.4　预览原型效果

单击"预览"按钮，在浏览器中查看的原型效果如图 1-64 所示。

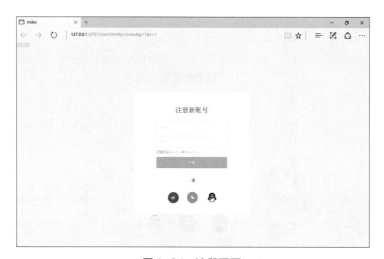

图 1-64　注册页面

以上就是制作一个简单原型的完整流程。

02

第 2 章

样式设置

本章主要讲解如何设置原型中各种元件的样式。调整颜色、文字格式等视觉元素是 UI 设计师的专业工作。产品经理不需要在排版、样式上花费过多的心思，但产品经理应该学会如何通过设置不同的样式，来表达页面的主次和功能的优先级。

2.1 颜色

第 1 章中介绍了如何设置图形的填充颜色、边缘线的颜色和文字的颜色。本节将介绍颜色菜单界面。

2.1.1 认识颜色窗口

单击各个颜色按钮旁边的下三角按钮，会弹出颜色窗口，如图 2-1 所示。

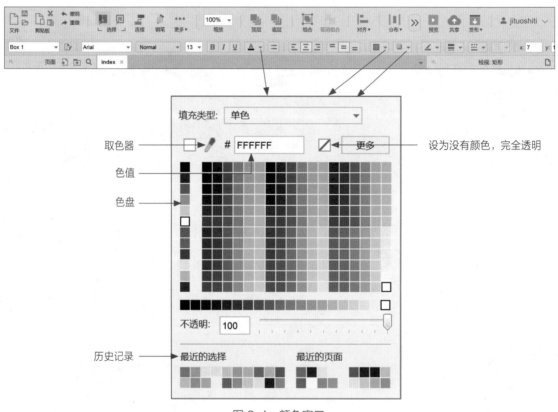

图 2-1　颜色窗口

在颜色窗口中，可以通过多种方式设置颜色：

- 直接单击色盘选择颜色。
- 单击历史记录里的颜色选择颜色。
- 输入色值设置颜色。
- 通过取色器，获取其他图片、元件上的颜色。

下面介绍更多高级样式的设置方法。

2.1.2　设置透明效果

颜色窗口中有一个"不透明"选项，是用来设置透明效果的，如图 2-2 所示。不透明度是指元件填充颜色的不透明程度。不透明度为 0 时，则元件完全透明。

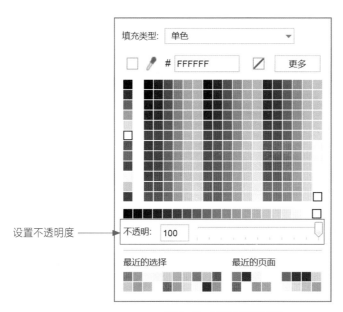

图 2-2　设置不透明度

透明效果有很多用处。例如，希望在复杂的背景图片上写字，则可以在图片上添加一个黑色矩形，将不透明度设为 70。加上这层矩形透明遮罩，可以让图片上的文字更易阅读，如图 2-3 所示。

a）无透明遮罩　　　　　　　　　　b）有透明遮罩

图 2-3　透明遮罩

2.1.3　设置渐变效果

图形和边缘线可以设置两种填充类型，即单色和渐变，可以在下拉菜单中选择其中一种填充类型。设置渐变的窗口如图 2-4 所示。

填充类型 →

渐变范围 →

渐变角度

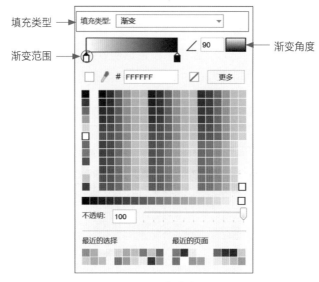

图 2-4　渐变窗口

选中渐变范围上红圈中的小光标，可以在色盘中改变渐变颜色、调整不透明度。

1. 设置两个色值的渐变

例如图 2-5 中，a 图顶部有一个透明渐变效果，加强了文字的可辨识度，同时在文字与图片间也形成了自然的过度。这个效果就是用渐变做的，渐变色值从 46% 的黑色到 0% 的黑色。

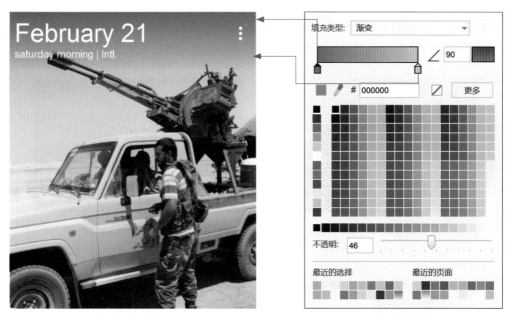

a）透明渐变效果　　　　　　　　　　b）渐变设置

图 2-5　透明渐变效果

2. 设置多个色值的渐变

如图 2-6a 所示为一个运动类 APP 的原型。页面地图上显示用户的跑步轨迹，绿色为快速，黄色为中速，红色为慢速。一根线上需要 3 种颜色，这种情况就需要设置多个色值的渐变。设置多个色值的渐变的方法如下：

（1）在两个小光标之间单击，可以添加一个小光标。

（2）左右拖曳小光标可以改变每个渐变色值所占的范围。

（3）将小光标移到另一个小光标上可以删除小光标。

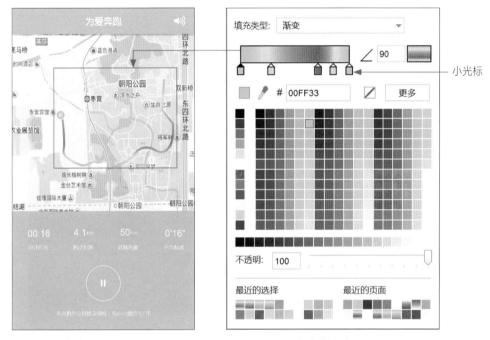

a）多色渐变效果　　　　　　　　　b）多色渐变设置

图 2-6　多色渐变

2.2　阴影

Axure RP 可以设置阴影效果。例如图 2-7 中的矩形就有一个偏移到右下侧的阴影。这个阴影效果的属性如下。

- Axure RP 中阴影的大小一般与元件的大小一致。
- 阴影的偏移量是 x 为 5，y 为 5。含义是阴影左上角的坐标比矩形左上角的坐标 x 轴多 5 个像素，y 轴多 5 个像素。
- 阴影的模糊度是 5。模糊度越大，阴影的边缘越模糊。想象一下，阴影的模糊程度就像墨汁滴在水里的散开程度。模糊度越大，墨汁散开范围越广，墨色越淡。

■ 阴影的颜色是透明的黑色。

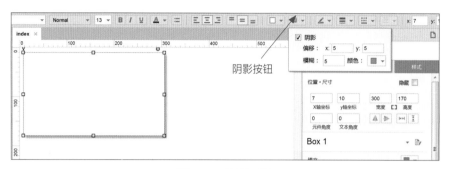

图 2-7　设置阴影

原型中，阴影常用来增加立体效果，表示强调，如图 2-8 所示。

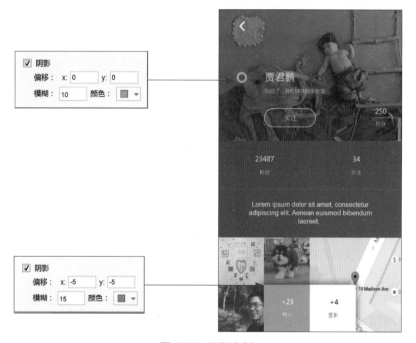

图 2-8　阴影案例

2.3　文字格式

图形元件上的文字格式设置和纯文字格式设置的方式是相同的。如图 2-9 所示为图形元件上的文字设置格式。

■ ① 文字的样式为"文本段落"。

■ ② 字体为 Arial Normal。

- ③ 字号为 13 号。
- ④ 文字没有加粗，没有斜体，没有下画线。
- ⑤ 文字字色为黑色。
- ⑥ 没有项目符号。
- ⑦ 文字对齐方式为左对齐和上对齐。

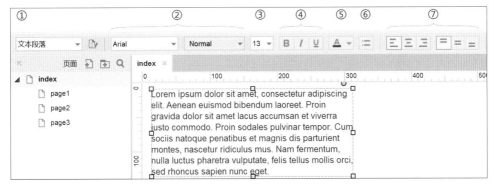

图 2-9 图形元件上的文字格式

2.3.1 文字样式

单击图 2-9 中①处的文字样式，会弹出下拉列表框，如图 2-10 左图所示。图 2-10 右图中展示的是几种 Axure RP 默认的文本样式，选择其中一项可以直接改变文字的整体样式。

例如，图 2-10 中，是同一段文字在 Box1、一级标题、文本段落 3 种样式下的显示效果。用户还可以自己创建新的样式。

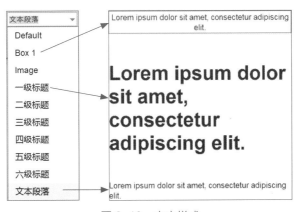

图 2-10 文字样式

 提示：

在 Axure RP 中，文字元件和矩形元件之间可以相互转换。

2.3.2　调整文本的间距和填充

在样式设置窗口中，还可以对文字设置行间距和填充效果。行间距代表每行文字之间的距离；填充表示元件边缘与文字的距离，如图 2-11 所示。

如图 2-12 所示为设置行间距前后文本段落的显示效果对比。文本较多的原型建议适当增大行间距，以提高阅读效率和舒适度。

填充是指图形内的文本距离图形边缘的边距。如图 2-13 所示为设置了填充上下左右都是 22 的文本。

图 2-11　文字样式设置

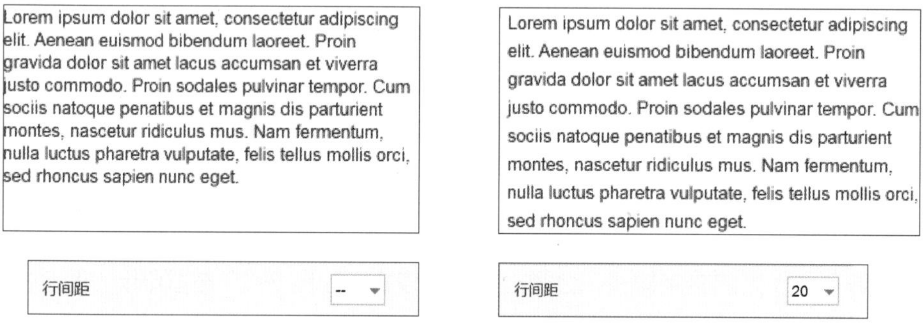

Lorem ipsum dolor sit amet, consectetur adipiscing elit. Aenean euismod bibendum laoreet. Proin gravida dolor sit amet lacus accumsan et viverra justo commodo. Proin sodales pulvinar tempor. Cum sociis natoque penatibus et magnis dis parturient montes, nascetur ridiculus mus. Nam fermentum, nulla luctus pharetra vulputate, felis tellus mollis orci, sed rhoncus sapien nunc eget.

行间距　--

Lorem ipsum dolor sit amet, consectetur adipiscing elit. Aenean euismod bibendum laoreet. Proin gravida dolor sit amet lacus accumsan et viverra justo commodo. Proin sodales pulvinar tempor. Cum sociis natoque penatibus et magnis dis parturient montes, nascetur ridiculus mus. Nam fermentum, nulla luctus pharetra vulputate, felis tellus mollis orci, sed rhoncus sapien nunc eget.

行间距　20

图 2-12　行间距效果对比

22

Lorem ipsum dolor sit amet, consectetur adipiscing elit. Aenean euismod bibendum laoreet. Proin gravida dolor sit amet lacus accumsan et viverra justo commodo. Proin sodales pulvinar tempor. Cum sociis natoque penatibus et magnis dis parturient montes, nascetur ridiculus mus. Nam fermentum, nulla luctus pharetra vulputate, felis tellus mollis orci, sed rhoncus sapien nunc eget.

22 　　　　　　　　　　　　　　　　　　22

22

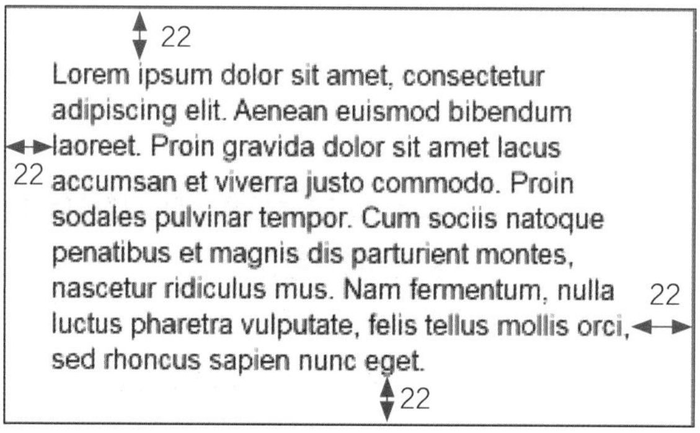

图 2-13　填充效果

2.3.3　调整文本的宽度、高度

选中文本元件时可以看到选中框上的点，有白色、黄色，如图 2-14 所示。黄色的点表示这个方向可以自动调整宽度。白色的点表示这个方向已固定高度。图 2-14 中左、右点是白色的，表示文字的横向宽度是固定的，文字长度大于该宽度时自动换行。

Lorem ipsum dolor sit amet, consectetur adipiscing
elit. Aenean euismod bibendum laoreet.

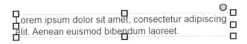

图 2-14　固定宽度

双击可以切换白点 / 黄点。将图 2-14 中的点切换成黄点，如图 2-15 所示。文字在横向宽度是不固定的，文字不会自动换行，而是一直向右扩展。

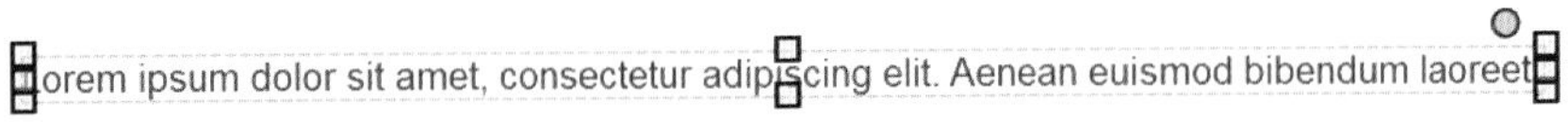
Lorem ipsum dolor sit amet, consectetur adipiscing elit. Aenean euismod bibendum laoreet.

图 2-15　自由填充

在样式设置窗口中也可以设置文本横向、纵向宽度是否固定，如图 2-16 所示。

检视: 矩形
(矩形名称)
属性
说明
样式
位置 • 尺寸
隐藏
10
283
522
16
X轴坐标
y轴坐标
宽度
高度
0
0
元件角度
文本角度
文本段落

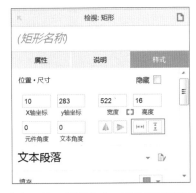

图 2-16　设置宽度、高度是否固定

2.4　格式刷

Axure RP 支持把一个元件的颜色、阴影、文字格式、透明度等样式复制到另一个元件上。操作方法如下。

（1）在功能区单击“更多”按钮，弹出“更多”菜单。

（2）在“更多”菜单中，选择“格式刷”命令，弹出“格式刷”对话框，如图 2-17 所示。

（3）“格式刷”对话框中显示了当前选中元件的样式信息。

（4）选中另一个元件，然后单击“格式刷”对话框中的“应用”按钮，第二个元件就会变成与第一个按钮相同的样式。

提示：

打开“格式刷”对话框时，会默认复制当前选中的元件样式。如果希望复制其他元件的样式，则在打开“格式刷”对话框后，选中其他元件后，单击“复制”按钮。

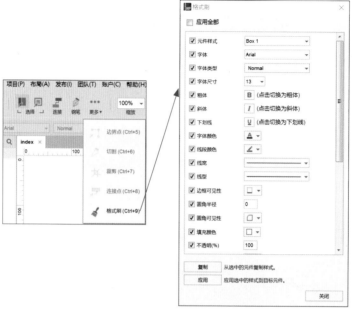

图 2-17　格式刷的使用

例如，图 2-18 中有两个按钮，分别是"购买"按钮和"使用"按钮。如希望将"使用"按钮改为与"购买"按钮相同的样式，则如下操作即可。

（1）选中"购买"按钮。

（2）单击"格式刷"按钮，弹出"格式刷"对话框，如图 2-18a 所示。

（3）选中"使用"按钮。

（4）单击"格式刷"对话框中的"应用"按钮，如图 2-18b 所示。

这样，"使用"按钮的填充色、圆角、字色等样式都与"购买"按钮一样了。

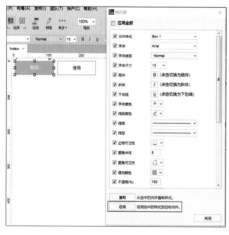

a）从"购买"按钮复制样式

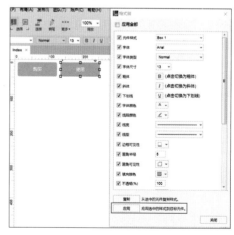

b）将样式应用到"使用"按钮

图 2-18　复制按钮样式

2.5　"钢笔"和自定义图形

本节介绍如何使用"钢笔"功能绘制任意形状的图形，以及使用自定义图形功能任意修改图形的形状。

2.5.1　钢笔

Axure RP 中支持通过"钢笔"功能画出自定义形状的图形。

例如，用"钢笔"画一个对号，步骤如下。

（1）单击"钢笔"按钮，如图 2-19 所示。

（2）在画布上依次画出对号的起点、拐点和终点，然后按 Enter 键确认，如图 2-20 所示。

自定义图形的操作如下。

（1）拖曳图 2-20 中的 3 个点，可以微调"对号"的形状。

（2）双击图 2-20 中的 3 个点，可以切换该点连线的曲直度。如图 2-21 是双击对号中间拐点后的效果。图 2-21b 是选中状态，调节黄色小方块可以调节曲线弯曲程度。

图 2-19　"钢笔"按钮

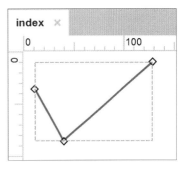

图 2-20　画对号

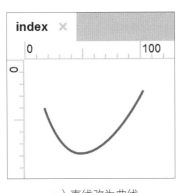

a）直线改为曲线

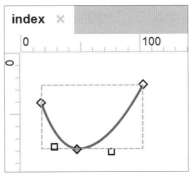

b）选中曲线

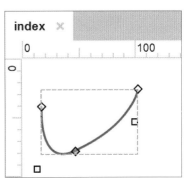

c）调整曲线

图 2-21　自定义曲线

（3）单击画布空白区域，则取消选择。

（4）单击"对号"的线条部分，会进入"钢笔"模式，可以添加、调整点。

如图 2-22 所示为一个后台的原型，其中列表的选中框就是用"钢笔"功能画出来的。

图 2-22　选中框

2.5.2　自定义形状

　　图形元件可以通过添加、调整图形的"点"，变成任意形状。下面介绍如何利用圆形元件画一个气泡形状。

　　（1）单击右上角的小圆点，弹出改变图形菜单，如图 2-23 所示。

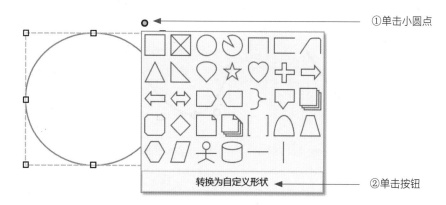

图 2-23　转换为自定义形状

　　（2）单击"转换为自定义形状"按钮，即可像"钢笔"功能一样添加、调整图形上的点。

　　（3）单击圆形曲线的左下段，添加 3 个点，拖曳中间点画出气泡形状，如图 2-24 所示。

  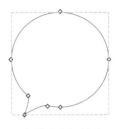

　　　　a）圆形　　　　　　　b）添加 3 个点　　　　　c）拖曳中间的点

图 2-24　画气泡

2.6　处理图片的尺寸

　　制作原型时需要收集很多图片素材。当素材尺寸不符合要求时就要适当裁剪。

　　右击图片，在弹出的快捷菜单中可以看到有两个与裁剪相关的功能，即分割图片和裁剪图片，如图 2-25 所示。

2.6.1　分割图片

　　选择"分割图片"命令后，界面会显示出分割辅助线。辅助线有横向、竖向、十字形 3 种，并随光标移动，如图 2-26a 所示。

　　鼠标单击后，图片会沿辅助线切割，就像图片被刀斩断了，如图 2-26b 所示。

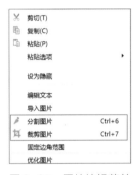

图 2-25　图片编辑菜单

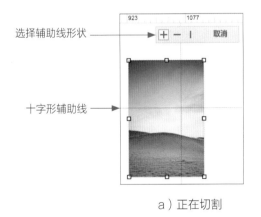

选择辅助线形状

十字形辅助线

沿辅助线切开了

　　　　a）正在切割　　　　　　　b）切割后

图 2-26　分割图片

2.6.2　裁剪图片

　　选择"裁剪图片"命令后，界面会显示裁剪虚线框。鼠标拖曳可以移动虚线框。选择菜单上的 3 个按钮可以实现 3 种裁剪效果，即裁剪、剪切、复制，如图 2-27a 所示。

- 裁剪：只保留虚线框内的部分，其他部分删除，如图 2-27b 所示。
- 剪切：剪切虚线框内部分（原图虚线框内部分删除），可以粘贴图片，如图 2-27c 所示。
- 复制：复制虚线框内部分（原图虚线框内部分保留），可以粘贴图片，如图 2-27d 所示。

a）正在裁剪　　　　b）裁剪后　　　　c）剪切、粘贴　　　　d）复制、粘贴

图 2-27　裁剪图片的几种方式

> 🔔 提示：
> 　　剪裁图片可以切割成非常精准的尺寸。但是切割后，图片分辨率会降低。如果剪切后图片素材本身质量过低，可以用一些取巧的办法。例如，先把图片放在动态面板内，然后缩小动态面板的显示范围，间接地"剪裁"图片。

2.7　设置按钮的交互样式

　　Axure RP 可以设置按钮的交互样式。例如，普通状态下，按钮是白色的；当鼠标光标悬停在按钮上时，按钮变为浅蓝色带阴影；单击按钮时，按钮变为深蓝色无阴影，如图 2-28 所示。

搜索

a）普通状态　　　　　　b）光标悬停　　　　　　c）鼠标单击

图 2-28　按钮的交互样式

　　图 2-28 的效果设置方法如下：

（1）添加一个按钮。

（2）在属性栏窗口中，通过"交互样式设置"功能进行设置，如图 2-29 所示。

（3）设置鼠标光标悬停的样式：设置字体颜色、线段颜色、填充颜色和外部阴影，如图 2-30a 所示。

（4）设置鼠标按下的样式：设置字体颜色、线段颜色和填充颜色，如图 2-30b 所示。

图 2-29　交互样式设置

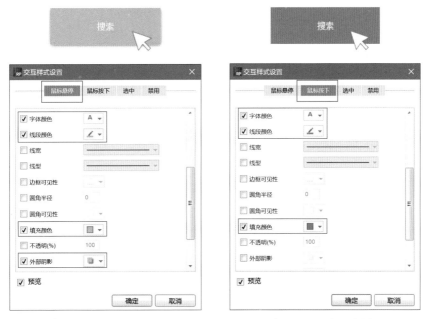

a）设置鼠标悬停样式　　　　　　b）设置鼠标按下样式

图 2-30　设置鼠标光标悬停、按下的样式

（5）单击"确定"按钮后，属性栏窗口中鼠标光标悬停和按下这两种交互状态下的样式就已经设置好了，如图 2-31 所示。

上述设置，是交互时元件自身的样式变化。如果希望交互时其他元件跟着变化，如光标悬停在菜单上，出现子菜单这样的效果，就需要设置交互动作了，这将在第 4 章中详细讲解。

交互样式设置

鼠标悬停 #FFFFFF; #00CCFF;

鼠标按下 #FFFFFF; #0099FF;

选中

禁用

图 2-31　设置完成

2.8　文本框样式

Axure RP 支持很多常见的文本框样式，在"属性"选项卡中可以进行设置，如图 2-32 所示。下面会一一介绍图 2-32 中的设置项。

图 2-32　文本框设置

2.8.1　文本框类型

不同类型的文本框，其输入文字有不同样式和限制。例如，Text 类型可以输入文本，Number 类型只能输入数字，密码类型会以圆点加密显示输入文本等。

不同的浏览器可能有不同的显示效果。如图 2-33 是 IE 浏览器支持的一些常见的效果。

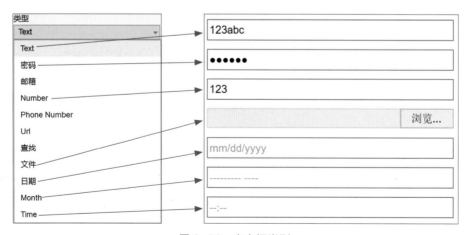

图 2-33　文本框类型

单击日期、Month、Time 类型的文本框，会弹出选择窗口。如图 2-34 所示为日期类型文本框的弹窗。

2012	11	22
2013	12	23
2014	1	24
2015	2	25
2016	3	26
2017	4	27
2018	5	28
2019	6	29
2020	7	30
2021	8	1
2022	9	2
✓		✗

图 2-34　日期选择框

2.8.2　文本框提示

文本框提示的效果如图 2-35 所示。文本框提示常见于用户输入文本前，引导用户开始输入或显示输入的限制条件。

文本框提示设置方法如下。

- 提示文字直接在属性栏输入。
- 提示样式可以在弹窗中设置，如图 2-36 所示。通常应该将提示文字设为灰色以弱化。
- 提示文字通常不会一直存在。提示文字会在选中文本框时隐藏。

图 2-35　文本框提示

图 2-36　设置文本框提示

2.8.3　文本限制

可以限制文本框中可输入什么样的文本，如图 2-37 所示。

- 可以设置文本框中可输入文本的最大长度。
- 可以设置文本框隐藏边框。
- 可以设置文本框为只读。只读文本框不能输入文字，只能复制文本框中的内容。
- 可以设置文本框为禁用。禁用文本框不能输入文字，也不能复制文本框中的内容。

| 123abc |
| 123abc |
| 123abc |

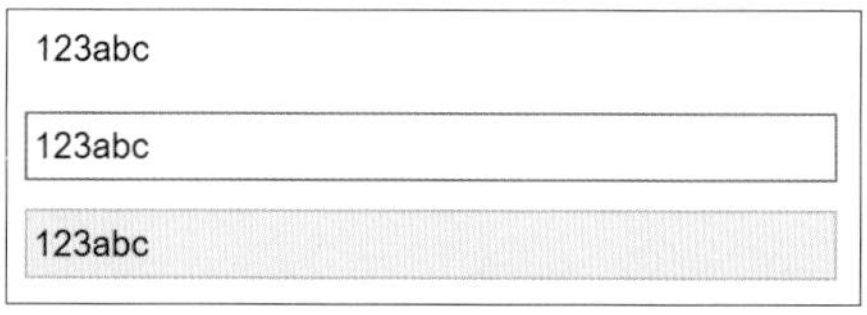

图 2-37　从上至下依次为隐藏边框、只读、禁用

2.8.4　"提交"按钮

文本框可以与"提交"按钮相关联。

（1）可以将一个"提交"按钮元件设置为文本框的"提交"按钮。

（2）设置之后，"提交"按钮会与文本框关联起来，在文本框中按 Enter 键相当于自动单击了"提交"按钮。

2.9　改变形状

元件可以进行任意角度的旋转、翻转。几个元件可以合并为一个元件。

2.9.1　旋转

Axure RP 中的元件可以旋转为任意角度。按住 Ctrl 键同时拖曳图形边缘的点，即可让元件随着光标旋转，如图 2‑38 所示。

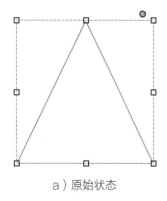

a）原始状态　　　b）旋转中　　　c）旋转 90°

图 2-38　旋转元件

如图 2-39 中"已完成"图标就是旋转过的效果。实际中人们盖章的角度通常是较随意的，所以做原型时也可以旋转图片来模拟这种感觉。

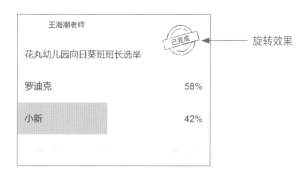

图 2-39　旋转"已完成"标志

2.9.2　翻转

除了旋转之外，Axure RP 还支持翻转元件，如图 2-40 所示。

（1）右击元件。

（2）从弹出的快捷菜单中选择"改变形状"命令。

（3）从"改变形状"子菜单中选择"水平""垂直翻转"命令即可。

如图 2-40a 所示为水平翻转的效果，图 2-40b 所示为垂直翻转的效果。

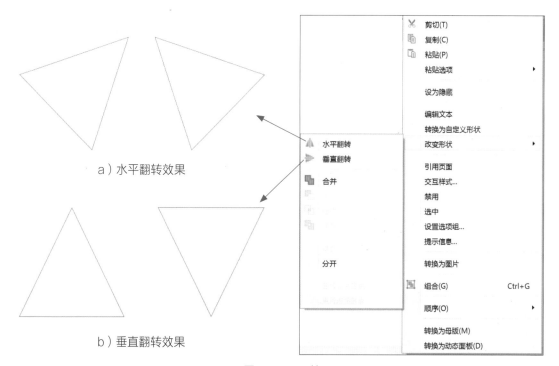

图 2-40　翻转

2.9.3　合并

同时选中两个元件，在如图 2-41 所示的菜单中可以看到更多选项。这些选项的作用是合并两个元件，组成新图形。

如图 2-42 所示为两个元件合并、去除、相交、排除的效果。

- 合并：新元件是两者之和。
- 相交：新元件是两者相交的公共部分。
- 去除：新元件是第一个元件中去掉与第二个元件相交的部分。
- 排除：新元件是两者之和，但去掉两者相交的部分。

图 2-41　改变形状菜单

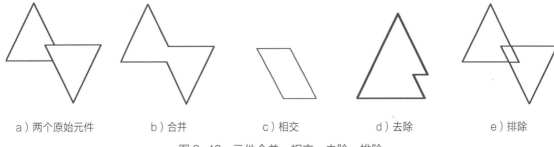

a）两个原始元件　　b）合并　　c）相交　　d）去除　　e）排除

图 2-42　元件合并、相交、去除、排除

结合与合并类似，新元件是两个原始元件之和，如图 2-43 所示。但合并之后，原始的两个元件就不存在了；而结合之后，两个原始元件的点信息还在，还可以改变点的位置。

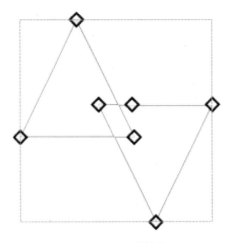

图 2-43　元件结合

结合功能常用于组合出新的图形当作图标。例如图 2-44 中，先用"钢笔"功能画出 3 条线，然后将 3 条线移到在一起后通过结合功能将它们组合在一起，这样就做出了一个新的图标。

a）钢笔画线　　　　　　　b）结合　　　　　c）最终效果

图 2-44　结合成图标

2.10　布局

布局是指调整页面上元件的顺序、位置等。灵活运用布局功能，可以让原型页面更简洁，排版更美观。

2.10.1　顺序

Axure RP 中的元件是有上下层遮挡关系的。例如，最新添加的元件默认放在最上层。新元件会遮挡住旧元件。

如果想调整元件的层级顺序，可先右击元件，在弹出的快捷菜单中选择"顺序"命令，在其子命令中选择调整元件层级顺序的相应命令，如图 2-45 所示。

- 顶层：将元件移到该页面所有元件的最顶上。
- 底层：将元件移到该页面所有元件的最底下。
- 上移一层：将元件移动到当前层级的上一层。
- 下移一层：将元件移动到当前层级的下一层。

图 2-45　"顺序"子命令

选中元件才能调整顺序，那么怎样选中已经被挡住的元件呢？

如图 2-46 所示，如果希望选中被矩形挡住的文字，有以下两种办法。

（1）Ctrl+ 鼠标左键可以补充选中或取消选中。

先框选所有元件，然后按 Ctrl 键再单击矩形（这样就取消矩形选择），此时被选中的就只剩文字了。

（2）在某个位置多次单击，会依次选中摞在这个位置上的所有元件。

在文字的位置单击一下，Axure RP 会选中矩形，间隔 1 秒再次单击一下，Axure RP 会选中文字。

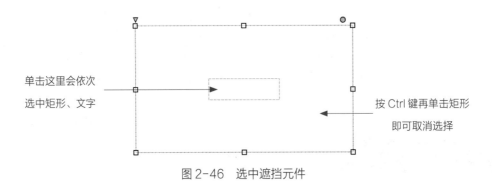

单击这里会依次
选中矩形、文字

按 Ctrl 键再单击矩形
即可取消选择

图 2-46　选中遮挡元件

2.10.2　组合

原型中常常有一些模块，是由几个元件组成的，例如图 2-47 中的图表。在制作原型的过程中，常常需要整体移动图表的位置。每次都全选再移动，很麻烦，并且容易漏掉小元件。用"组合"功能将组成图表的所有元件组合在一起后，就能整体移动、修改这些元件，非常便捷。

组合元件的操作比较简单，大致有以下 3 步。

（1）全选元件。

（2）右击元件。

（3）在弹出的快捷菜单选择"组合"命令即可，如图 2-48 所示。

图 2-47　图表原型

图 2-48　组合

2.10.3　对齐

　　信息比较多的原型需要做好布局。例如图 2-49 中，需要让列表上的图片对齐、文字对齐、按钮对齐。

　　在 Axure RP 中拖曳元件时，会自动与其他元件的左侧、右侧或中心对齐。自动对齐时会显示蓝色辅助线。这样，每次移动元件时，都可以根据辅助线的提示直接放到对齐的位置。

图 2-49　移动时自动对齐

　　当其他元件比较多，形成了干扰，很难自动对齐时，可以用主动对齐多个元件的功能。包括左对齐、左右居中，右对齐、顶部对齐、上下居中、底部对齐。

　　对齐功能以第一个选中的元件为基准。例如图 2-50 中，所有选中的元件都对齐到"京翰学神节…"的左侧边缘。

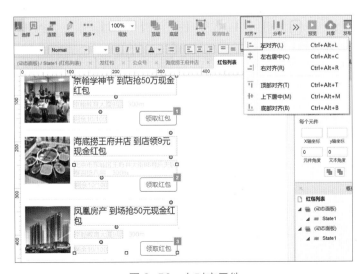

图 2-50　左对齐元件

想要多个元件在同一条线上对齐，可以使用"参考线"功能。

（1）在顶部标尺上按住鼠标左键并向下拖曳，可以添加横向的参考线，如图 2-51 所示。按住左键不松并上下移动，可以看到参考线的坐标值。

（2）松开左键后，参考线会停在松开的位置。用类似的方法，再从左侧标尺拖曳出一条纵向参考线，如图 2-52 所示。

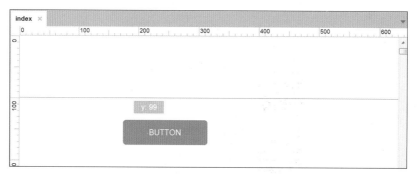

图 2-51　横向参考线

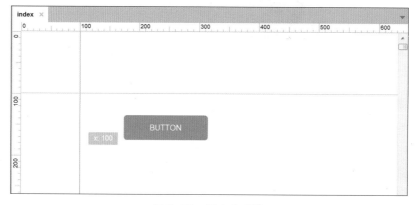

图 2-52　纵向参考线

有了参考线之后，当元件被拖曳到参考线附近时，会自动贴在参考线位置，如图 2-53 所示。

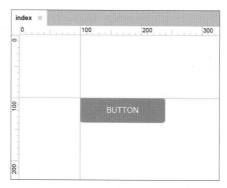

图 2-53　元件贴在参考线上

设计原型时可以在页面上需要对齐的地方设置一些参考线。后续添加元件时依参考线对齐，让原型的布局更规整。

2.10.4　分布

除了对齐，Axure RP 还支持一种常用的布局功能——均匀分布。例如图 2-54 所示，希望让底部的 3 个按钮两两间距相同，则可进行如下操作。

（1）选中 3 个按钮。

（2）选择"分布"，在下拉菜单中选择"水平分布"命令，如图 2-54 所示。

水平分布会保持当前选中的所有元件中最左边的一个元件和最右边的一个元件不动，然后将其他元件以相同的间距均匀分布。

垂直分布与此类似。

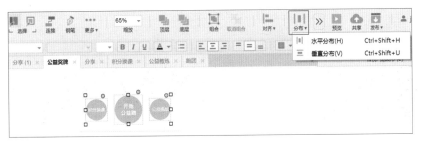

图 2-54　水平分布

2.11　页面样式

未选择任何元件时，样式栏将显示页面的样式信息，如图 2-55 所示。图 2-55 中的 Default 指现在使用的是"默认"样式模板。

样式模板 ——>

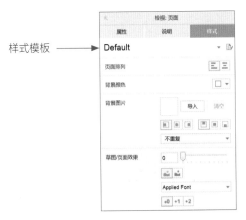

图 2-55　页面样式

默认样式为:

- 原型靠左侧排列;
- 背景为白色;
- 无背景图;
- 页面无草图效果。

下面介绍页面样式各选项的作用。

2.11.1　页面排列

页面排列是指在原型生成的网页中,所有元件的位置。如图 2-56 所示为一个网页分别左对齐和居中对齐的显示效果。

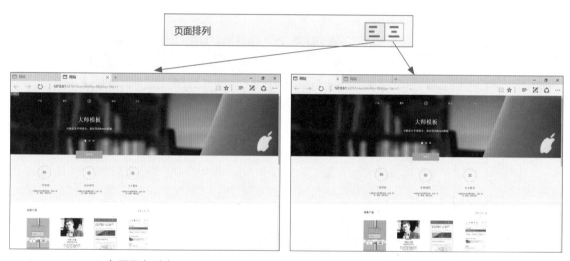

a)页面左对齐　　　　　　　　　　　b)页面居中对齐

图 2-56　页面排列

2.11.2　背景

原型页面中可以插入背景图片。在原型中设置页面背景图片的方法与在计算机上设置桌面背景类似。

- 背景颜色是指原型生成的网页的背景色。
- 背景图片功能可以将任意图片设为网页的背景,如图 2-57 所示。

背景图片的显示模式有以下几种,如图 2-58 所示。

- 不重复:图片保持不变,不会缩放,也不会重复。
- 重复图片:图片保持原始大小,根据浏览器的少见分辨率,重复显示多张图片直到充满整个屏幕,如图 2-59a 所示。
- 水平重复:与重复显示图片类似,只在水平方向重复显示图片。

图 2-57 背景图片 　　　　　　　　　　　　图 2-58 背景图片显示模式

- 垂直重复：与重复显示图片类似，只在垂直方向重复显示图片。
- 填充：放大图片直到填满整个屏幕，图片显示不下的部分将被隐藏，如图 2-59b 所示。
- 适应：最大化图片，但图片必须完整显示，不能被隐藏，如图 2-59c 所示。

a）重复显示图片

b）填充图片 　　　　　　　　　　　　c）适应图片

图 2-59 背景图片显示效果

　　图片排列可以设置图片的初始位置，图片从初始位置开始重复。如图 2-60 所示为不同排列模式的"重复图片"的效果。

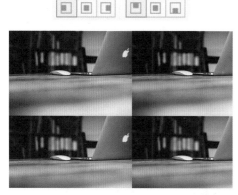

a）靠左靠上排列　　　　　　　　b）居中排列

图 2-60　背景图片排列效果

2.11.3　草图

原型在拿给其他人看或征求意见时，对方很容易只提些 UI 样式上的意见，如颜色不好看、这里太大、那里太小等，而提不出功能流程方面的意见。这主要是因为原型是半成品，与实际产品不完全一样。一般人很难把自己带入产品的使用场景中，只把原型当作一张图片来考虑，所以只能提出 UI 方面的意见。

要解决这个问题，要么把原型做得比较逼真——内容真实、有交互，把对方带入实际使用的场景中；要么干脆把原型做成手绘风格，让对方潜意识里明白这个原型还没有经过设计，不用提 UI 方面的意见。

Axure RP 支持将页面设置为手绘风格，如图 2-61a 所示为正常样式，图 2-61b 为草图样式。

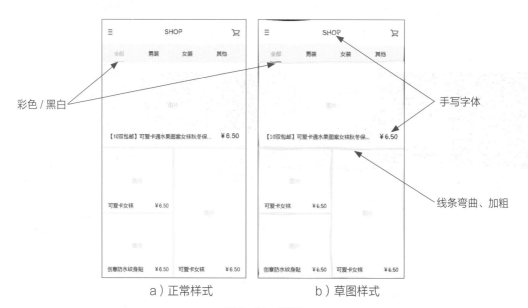

a）正常样式　　　　　　　b）草图样式

图 2-61　草图

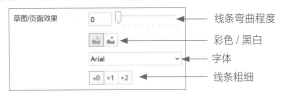

在样式栏中可以通过以下几项设置来调整草图的效果，如图 2-62 所示。

■ 页面上所有元件边缘线弯曲的程度。

■ 元件上是否带颜色。

■ Axure RP 提供一些手写字体，如
Axure Handwriting。

■ 页面上所有元件边缘线加粗。

图 2-62　设置草图效果

2.11.4　样式模板

调整完页面样式之后，可以把当前设置保存为模板，以后用时可以直接选择模板，无须再设置每个选项。模板的选项区域如图 2-63 所示。

图 2-63　模板选项

■ Default 是当前模板的名字。

■ "*"代表当前设置与模板相比有变化。

■ 单击"更新"链接，可以将更改的设置更新到模板中。

■ 单击"创建"链接，可以将当前设置保存为新的模板。

■ 单击最右边的"管理模板"按钮，可查看当前所有的样式模板。

创建好样式模板之后，可以通过"页面样式管理"面板管理页面样式如图 2-64 所示。

在原型的其他页面，可以通过下拉菜单快速选择保存过的页面样式模板，如图 2-65 所示。

图 2-64　模板管理

图 2-65　选择模板

2.12　案例 2：给不同模块制作不同背景

如图 2-66 所示为一个常见的网站原型。为了让页面上的各个模块有视觉上的分隔，原型中每个模块都设置了不一样的背景。

图 2‑66　网站原型

在 2.11.2 节中介绍了整体背景的设置方法。分块的背景怎么设置呢？可以用动态面板设置。学会下面这个案例，可以加深对动态面板和样式的理解。下面介绍具体的设置方法。

（1）添加一个动态面板，宽度、高度均设为小于屏幕分辨率，如 1000×382，名字设置为 bk，如图 2-67 所示。

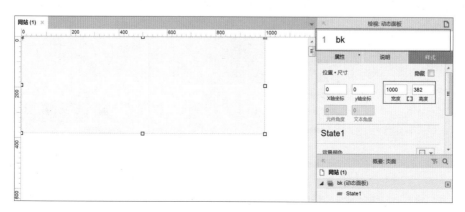

图 2-67　添加动态面板

（2）设置动态面板的背景图。显示模式为"填充"，排列为"居中靠上"，如图 2-68 所示。

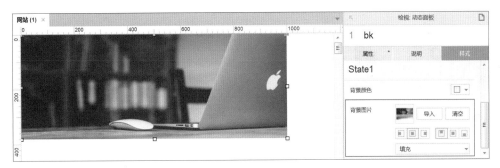

图 2-68 设置背景图

（3）右击动态面板，在弹出的快捷菜单中选择"100% 宽度"命令，如图 2-69 所示。

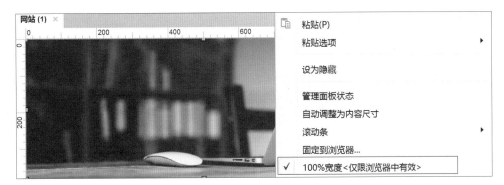

图 2-69 100% 宽度

（4）添加一个动态面板 bk2，背景设为灰色，同样设为"100% 宽度"，如图 2-70 所示。

图 2-70 添加灰色背景的动态面板

（5）依照以上方法再添加几个有背景图片或背景色的动态面板，如图 2-71 所示。

图 2-71　添加更多动态面板

（6）设置页面排列为"居中"。

（7）添加网站的其他元件，预览一下，可以看到已经实现了分块背景，如图 2-72 所示。

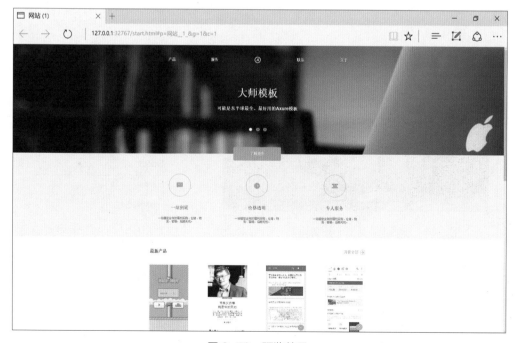

图 2-72　预览效果

2.13　案例 3：绘制一个网站原型

下面介绍一个如图 2-73 所示网站后台原型的制作方法。这个原型样式比较复杂，只要掌握了这个原型，就基本掌握了常用的样式设置方法。

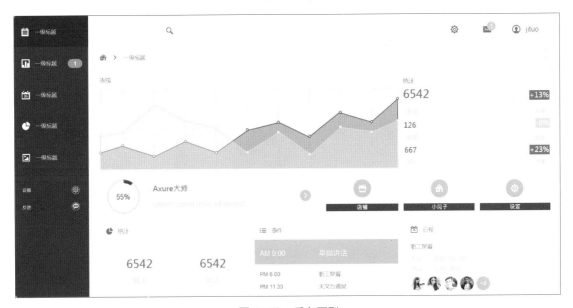

图 2-73　后台原型

2.13.1　绘制导航栏

网站原型通常都有导航栏，导航栏常放在页面左侧或顶部。本案例中的导航栏放在页面左侧，如图 2-74 所示。

（1）添加一个矩形元件，当作导航栏的背景。

（2）添加文字元件和图标图片表示分类标题，在一个标题下添加矩形当作选中状态背景。

（3）添加一个圆角矩形，代表新消息提示气泡。

（4）不同层级的分类标题间用水平线元件分隔。

（5）导航栏可能会在各个页面用到，所以最好将这些元件创建为一个母版。

顶部栏包括搜索框、设置、消息、个人按钮，如图 2-75 所示。

（1）添加一个矩形作为顶部栏背景。

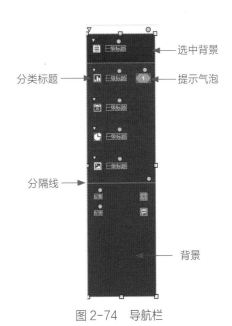

图 2-74　导航栏

（2）添加一个圆角矩形代表搜索框，再添加一个搜索图标代表"搜索"按钮。

（3）添加其他按钮的图标。

（4）添加椭圆形并设置为合适大小，作为新消息气泡。

（5）添加文字元件作为昵称。

图 2-75　顶部栏

（6）顶部栏也应该创建为一个母版。

2.13.2　绘制折线图

下面介绍如何制作如图 2-76 所示的折线图，图中包含两条曲线和背景网格，曲线与网格相交处突出显示，曲线下方填充颜色。

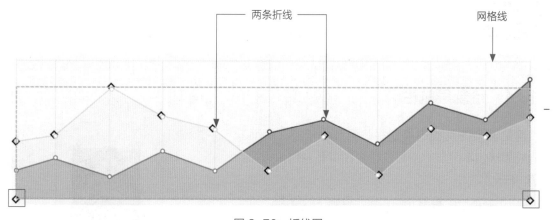

图 2-76　折线图

（1）用"钢笔"功能可以画出折线图的曲线部分。画图的时候要画出底部两个点，如图 6-76 中的红框所示，这样才能让填充色一直覆盖到图的底部。

（2）在折线图的拐点添加小椭圆形，突出显示这些拐点。

（3）用同样的方法绘制另一条折线。

（4）底部曲线的颜色设置为深色，顶部曲线设置为透明浅色，这样顶部曲线不会遮挡底部曲线，查看更方便。

（5）用水平线和垂直线画出折线图底部网格。

2.13.3 绘制统计数据模块

下面介绍如何制作"统计数据"模块，如图 2-77 所示。

（1）添加文字元件，编辑文字为各个数值。

（2）使用自动对齐功能将数字分别设为左对齐和右对齐。

（3）重点数字设置填充色。

（4）用矩形元件当作说明文字的背景，在数字和文字间形成区域间隔。

图 2-77 "统计数据"模块

2.13.4 处理图标、图片

给原型中所有的图标增加一个圆形的外框，可以让整个页面更规整。

头像图片可以通过将圆角设为最大，将图片裁剪为圆形，如图 2-78 所示。

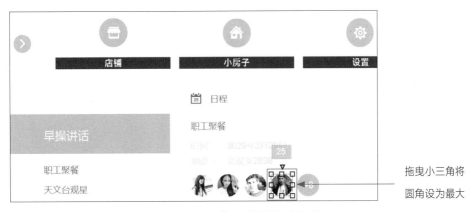

图 2-78 处理后的图标和头像

2.13.5 总体布局

其他模块根据折线图模块和统计数据模块布局,如图 2-79 所示。

(1)每个模块的横向、纵向间距都保持一致。

(2)底部 3 个模块设为同样的宽度,平均分布,折线图模块与两个模块等长。

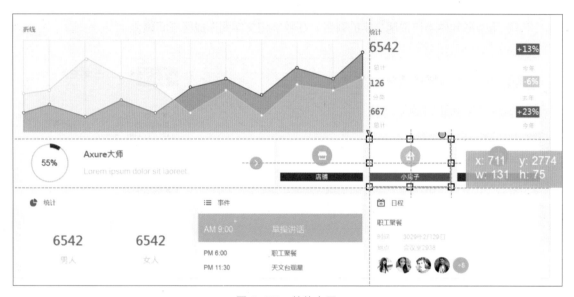

图 2-79 总体布局

(3)各模块的重点信息使用相同颜色填充,除黑色、灰色外,页面尽量只用一种颜色作为主色。

(4)底部 3 个模块的标题保持在各模块中同样的位置。

(5)页面上每个元件都要与其他元件对齐或居中,或保持相同间距均匀分布。

2.13.6 设置页面样式

最后,将页面排列设为居中,方便查看,如图 2-80 所示。将背景颜色设为灰色,突出显示页面上的各个模块,同时也对各个模块进行了分隔。

图 2-80 页面样式

2.14　案例 4：绘制一个 APP 原型

展示 APP 原型有以下两种方法：

- 将原型尺寸设置为与手机的分辨率相符的尺寸，用手机打开原型网页，向他人演示；
- 在原型页面底层画一个手机框，在计算机上打开原型网页，向他人演示。

第 9 章中会介绍如何实现第一种方法，下面介绍第二种方法。

如图 2-81 所示为一个 APP 原型页面，包含了很多 APP 常用的样式。下面以这个页面为例介绍 APP 原型的样式设置。

图 2-81　APP 原型

2.14.1　绘制手机框

下面开始添加元件，组成"手机框"。

（1）添加一个圆角矩形，两个圆形，如图 2-82 所示。

（2）将圆形设置为不同颜色，大圆为浅色，小圆为深色。

（3）将圆形移到圆角矩形底部中央，两个圆形叠在一起就像一个按钮一样。

（4）这样就做出了图 2-81 中的手机框了。

图 2-82　手机框

2.14.2　添加遮罩

下面介绍如何添加一层蓝色渐变遮罩。

（1）在页面顶部添加图片，然后在图片上添加一个矩形。

（2）将矩形的填充色设为透明渐变色，如图 2-83 所示。

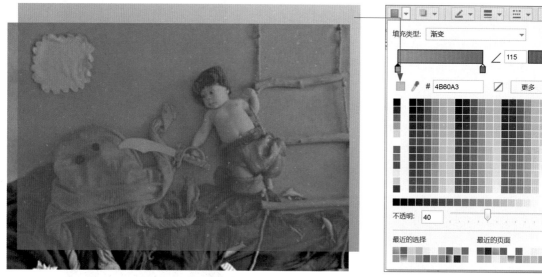

图 2-83　设置透明渐变效果

- 将要放文字的区域设为低透密深色，以凸显文字。
- 将不放文字的区域设为高透明浅色，以凸显图片。

（3）在页面底部添加图片，然后在图片上放一层彩色遮罩，以遮盖图片上过于鲜亮的色彩，让页面看起来更和谐，如图 2-84 所示。

图 2-84　遮罩效果

2.14.3　添加阴影

在图 2-84 的两个按钮上添加阴影，让按钮在视觉上更突出。

（1）左边按钮的阴影偏移量 x 为 -5，y 为 -5，如图 2-85 所示。

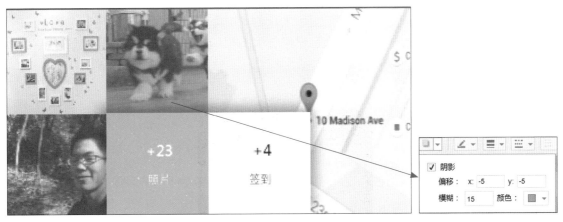

图 2-85　设置阴影效果

（2）右边按钮的阴影偏移量 x 为 +5，y 为 -5。

这样阴影就分布在按钮的四周了，立体感更强。

页面顶部的状态标志可以用阴影功能做出模糊效果。

（1）阴影可以用黑色，模糊效果适合用彩色。

（2）偏移量设为 0，让模糊效果均匀分布，如图 2-86 所示。

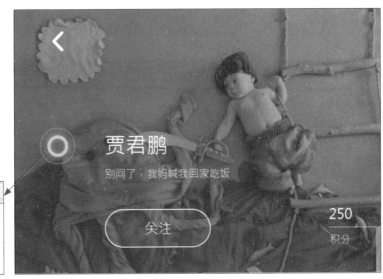

图 2-86　设置模糊阴影效果

2.14.4 设置页面布局

下面开始设置页面的布局。布局时注意将各个元件对齐或居中。

■ 顶部文字和按钮可以与底部按钮左对齐。

■ "返回"按钮和"状态"标志对齐。

■ 中部文字可以在模块中居中对齐。

图片本身就是比较好的分隔，所以页面已经自然分块，因此只要适当增加水平线、垂直线即可完成页面布局，如图 2-87 所示。

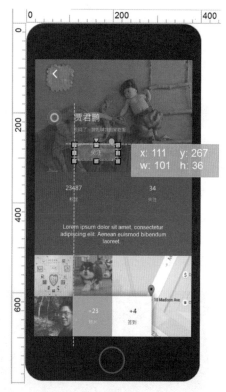

图 2-87 页面布局

03

第3章

原型设计准则

本章分别从制作原型的技巧、设计产品的思路和用户体验等几个方面介绍一些设计原型的经验。当然，所有规则都是可以打破的。读者可以参照本书，结合自身的经验，摸索出属于自己的原型设计规则。

3.1 原型做成高保真还是低保真

按精细程度，原型可以分为高保真原型或低保真原型。原型应该做成高保真还是低保真一直是个很有争议的问题。本节将解释两者的含义，并提出如何在两者间选择的建议。

3.1.1 什么是高保真和低保真

原型按精细程度可以分为高保真原型与低保真原型两种，如图 3-1 所示。低保真原型通常只是简单的线框图示意。而高保真原型则看起来更像实际产品，可以点击，可以有各种交互，看起来与真实的网页、APP 一样。

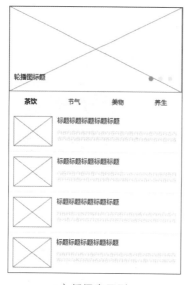

a）低保真原型　　　　　　　　　　　　　b）高保真原型

图 3-1　高保真原型与低保真原型

3.1.2 如何选择高保真与低保真

很多人在是否用 Axure RP 做高保真原型上犹豫不决、争论不休。其实，原型是否要做成高保真效果，应该取决于观看者的需求。

（1）与技术人员沟通。技术人员通常有一定的经验。常见的交互方式和简单的功能逻辑，只需低保真示意，对方就能明白。创新的交互方式和复杂的功能逻辑，需要做出带交互的高保真原型。这样才能让沟通更顺畅，需求表达更准确，避免沟通不清，技术人员重复劳动。

（2）与设计人员沟通。设计人员的主要精力放在视觉方面，产品经理要明确信息结构和功能范围，在原型中通过原型色彩和原型大小表现出页面的重点部分和功能的优先级。明确了这些，设计人员才能更好去设计。

（3）与客户、老板沟通。这通常发生在产品方案的评审阶段。如果你认为自己的方案是一个好方案，那么应该想办法让方案通过。原型应该尽量精美，以提高对方的印象分；原型还应该尽量高保真，以避免对方纠结细节，让沟通更顺畅。总之，尽量做出有亮点的交互，获取对方的认可，提高自己的说服力。

另外，注重交互的产品（如视频编辑、效率办公等类型的产品），不得不做高保真原型。因为，如何通过高效的交互引导用户完成功能流程，是这类产品的核心。交互动画是这类产品最重要的一部分。

作者刚学 Axure RP 的时候，觉得交互功能很酷，常常忍不住给每个页面、每个按钮都添加交互动作。到了"交作业"的时间，才发现主功能还可以再优化，产品整体结构还有问题，然而已经没有时间去做这些事了。

所以，一个好的产品经理应该掌握全部的 Axure RP 技能，但在设计原型时按需使用，把80% 的时间花在产品主流程上，在主要页面上创新交互，规划布局，次要功能尽量用常见的方式实现。原型中，主要页面做高保真示意，次要页面用低保真示意。这样，就能兼顾效率和效果了。

3.2　原型中要使用真实的数据

原型中应该尽量使用真实数据，模拟真实情况。因为只有使用真实数据，才能分析出准确的需求。

例如图 3-2 中的原型，要试试真实的书的封面，才知道图片要放多大能看清楚；要试试真实的书名，才知道要预留多少空间，书名是否足够吸引，是否需要加书的简介……所有信息都是真实的，才能准确规划页面布局用卡片合适，还是列表合适。

图 3-2　使用真实数据才能准确规划布局

3.3　产品流程应该尽量完整

绘制原型要做出完整流程，尽可能考虑多种情况。设计原型时很容易想到正常的流程，但容易忽略分支流程和异常情况。

3.3.1　考虑用户出错的情况

用户出错是难免的，所以应该允许细微的纠正，如更换账号、更换地址等，如图 3-3 所示。

图 3-3　允许更换账号

3.3.2　考虑系统出错的情况

例如，上传图片时，文件上传失败，或者对上传的图片不满意想换一张时，产品应该拥有重试和重做功能，如图 3-4 所示。

图 3-4　网络出错的情况

3.3.3 考虑没有数据的情况

如果没有初始数据，用户看到的就是一片空白，此时用户可能不知道该干什么。可以利用好没有数据的初始界面，让用户学习和熟悉如何使用程序，引导用户创建数据，如图 3-5 所示。

图 3-5 没有数据的情况

3.3.4 考虑每一步的状态

例如，电商订单有发货、收货状态，邮件有已读或未读的状态，支付有支付成功或未支付的状态。可以通过不同的视觉风格，如颜色、深度和对比度帮助用户清楚地知道目前的状态，以及接下来要干什么事，如图 3-6 所示。

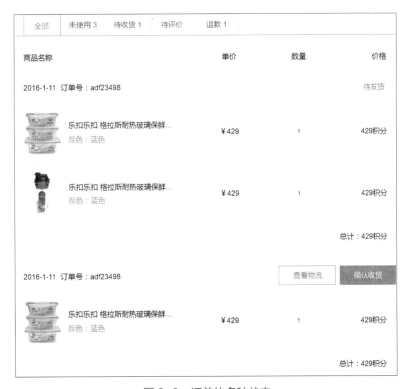

图 3-6 订单的多种状态

3.3.5 添加适当的提示

当用户执行了一个动作，应该有成功或失败的提示。例如，发布文章之后是否发送成功，如图 3-7 所示。发送邮件之后是否发送成功。修改的设置选项是否保存。

图 3-7 文章发布成功提示

3.4 原型需要快速迭代

在软件开发中，"修改"是一件成本非常高的事。前期越能发现错误，修改成本就越低。在原型阶段发现错误，只要产品经理用几天时间改一下原型即可。如在研发结束之后才发现错误，则需要整个团队重新开始，或许要用几个月的时间才能做出正确的产品。因此为什么要先绘制原型，而不是直接研发产品呢？就是为了能尽早发现错误，尽早修改。

3.4.1 沟通原型的技巧

在设计原型的过程中，需要不断地向身边的人请教意见，不断"试错"。切忌一个人纸面上画画就完成的原型制作，一定要找内部或外部的人来探讨。

（1）与别人沟通前应该准备一个有"沟通能力"的原型。原型做得简陋，就没有代入感。一般人很难对着线框提建议。使用真实的图片和文字，模拟完整的使用流程，做出有"沟通能力"的原型，对产品经理分析需求很有帮助。

（2）与他人沟通时，不要维护自己的原型设计。只有不断地修改，才能打磨出有价值的产品原型。拿着原型初稿与他人沟通时，要有一种随时准备"推倒"重来的气魄。

（3）尝试去理解对方的真正需求。在与他人沟通时，肯定会遇到不懂产品设计的人对你设计的原型指指点点。千万不要轻易陷入对方编织的理由中。将对方喜欢的方式设计出来，拿着修改后的设计继续向其他人请教，对比之后，更容易得出正确的结论。

（4）时刻关注产品整体。修改过几次之后，可能已经改进了不少产品的细节。这时需要停一下，站在整个产品的角度重新审视一下——细节改进有没有打乱整体规划，量变是否已经引起质变，产品结构是否能更优化等。

3.4.2　修改原型的技巧

即使是经验丰富的产品经理，也很少在第一次设计时就能达到满意的效果。大部分时候，都要经历 5 ～ 10 次的反复迭代。而且，有时迭代不只影响一页，甚至影响十几页或者更多。因此，只有提高绘制原型的效率才能应对频繁的更改。下面介绍一些提高 Axure RP 效率的方法。

（1）使用图形，而不是图片。在 Axure RP 中是无法改变一个图片的颜色和形状的。直接截图放进原型是一个看似快捷的办法。别忘了，原型一般都要修改多次，使用可以修改的图形元件而不是图片，可以更方便修改，更好地适应不同的需求。所以，别嫌麻烦，用图形元件一点一滴地搭建自己的原型吧。

（2）用一个元件就可以完成的事不要用两个元件。每添加一个元件，都会给未来添加一份维护的工作。当原型需要改变时都要耗费更多的工作时间。例如，不要用文字和矩形两个元件来表示一个按钮，直接在矩形元件上输入文本。文本的位置可以通过对齐和填充属性来自由调整。给按钮添加交互事件时，不要添加热区再给热区设置交互，直接在按钮上设置交互即可，如图 3-8 所示。

a）三个元件　　　　　　　　b）一个元件

图 3-8　减少元件数量更有效率

（3）将常用的一组元件转成母版。更改所有页面的导航栏的工作量非常大，而且容易出错。但是如果事先把导航栏做成母版，更改时只需编辑一个母版，那么整个原型就都被更新了。所以，无论何时，如果发现自己一直在复制粘贴同一组元件，请创建一个母版。

（4）保留旧的页面。原型页面经过几次修改之后，可能又要找回原来的页面。所以，在做修改页面前，最好保留旧的页面，如图 3-9 所示。创建一个名为"旧版本"的文件夹。复制一份要修改的页面，保存在"旧版本"文件夹中，以便需要时随时找到。

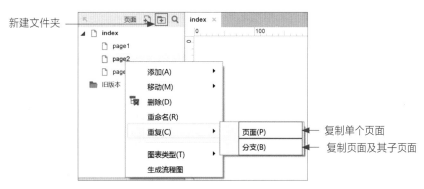

图 3-9　复制旧版本的页面

（5）保留、导入旧版本的原型文件。原型修改几次之后会形成一个稳定的版本，通常会保存为一个 RP 文件。几个版本之后，会积攒多个 RP 文件。如果想在新版本文件中使用旧版本的页面，可以使用"RP 文件导入"功能。在菜单栏中单击"导入"按钮，然后选择想导入的页面。

> 🔔 提示：
>
> 虽然从这一个 RP 文件到另一个 RP 文件复制、粘贴是可以的，但样式是不会跟着一起粘贴过去的。重复使用样式、母版的最好方法就是使用导入功能，如图 3-10 所示。

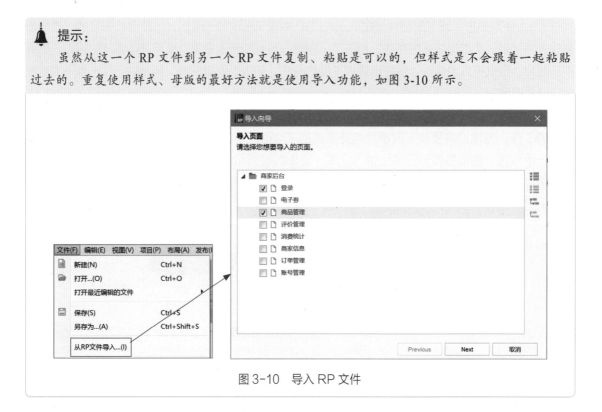

图 3-10　导入 RP 文件

3.5　页面应该尽量简化

在功能层面，改进原型的主要方法是简化产品的使用流程。什么叫好的用户体验呢？从打开 APP 开始，用户一步一步下意识地被产品引导着完成功能流程。整个过程行云流水，用户使用完全没有障碍，完全沉浸在产品之中，这就是好的用户体验。如果用户使用过程中受到阻碍，用户体验就会差，则用户流失率就会提高。简化流程就是要简化掉这些阻碍，让用户使用起来畅通无阻。

3.5.1　精简用户输入内容

人都是有惰性的，没人愿意填一大堆表单。表单中每增加一个字段，都会增加用户流失率，因此，表单页面尽量只留必填项，其他项放在"高级"页面里。必填项尽量以选择为主，填写为辅。必须填写的也应该尽量给出默认值。因为选择只需要一次单击，而填写则需要数次键盘操作。精简的目的就是使用更少操作完成同样的功能。例如，图 3-11 中的日期选择是个麻烦的工作，可以选项代替输入，并给出合适的默认值。

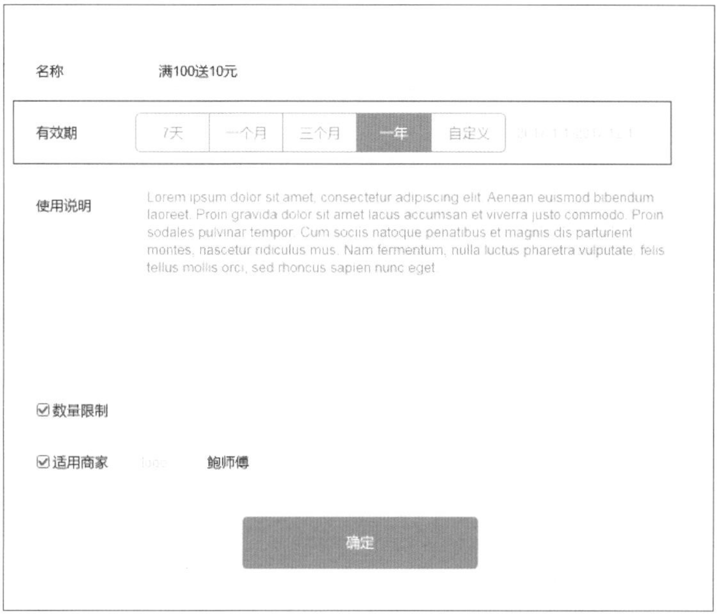

名称	满100送10元

有效期	7天	一个月	三个月	一年	自定义

使用说明　Lorem ipsum dolor sit amet, consectetur adipiscing elit. Aenean euismod bibendum laoreet. Proin gravida dolor sit amet lacus accumsan et viverra justo commodo. Proin sodales pulvinar tempor. Cum sociis natoque penatibus et magnis dis parturient montes, nascetur ridiculus mus. Nam fermentum, nulla luctus pharetra vulputate, felis tellus mollis orci, sed rhoncus sapien nunc eget

☑ 数量限制

☑ 适用商家　　　鲍师傅

确定

图 3-11　精简用户输入

3.5.2　精简页面上的元素

要让设计具有层次感，可以将界面上重要的部分与不次要部分区分开，让界面层次分明。但要注意过多的页面元素会分散用户的注意力。

例如一些花边，分隔区域时有很大的作用，但同时其明显的线条也会吸引走用户的注意力。除了分隔线之外，通过格式、布局的变化也能分隔两块区域。如果运用得当，还可以提高整个界面的可读性。

例如图 3-12 所示的原型就是一个元素精简、格式布局控制较好的例子。一个页面只展示一篇文章，文章与文章之间自然区隔开了。标题和内容使用不同的字体区隔，文字与数据之间用空白进行区隔。整个页面很有层次，又很简洁。

图 3-12　精简页面上的元素

3.5.3　合并重复的功能

随着产品的发展，不可避免会增加很多的功能模块。应该及时重构产品，合并功能，避免产品"臃肿"，阻碍用户学习、使用。

页面很长或者分页的情况下，可以重复出现同一个按钮，但一定要慎用。例如，购物车中，如果列表过长则可以出现两次结算按钮。列表较短则没有必要，如图 3-13 所示。

图 3-13　页面上出现重复按钮

3.5.4　避免过多的分支流程

为了满足各类用户的需求，增加功能是不可避免的。但有时是更多的选择往往让人更难做出决策，让后悔和自责倾向增加，甚至降低了用户满意度。著名的果酱研究实验一次次的被验证，当选项过多时，给出重点推荐项是个不错的做法。

例如图 3-14 中的雅虎新闻原型，不像其他的新闻 APP 一样有过多的分类、过多的选择，而是每半天提供 8 类 8 条最重要的新闻。

a）头条新闻

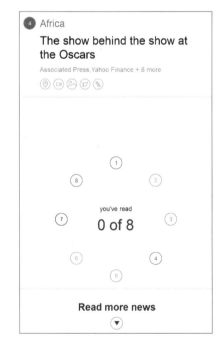

b）阅读记录

图 3-14　雅虎新闻

小知识:

果酱实验的过程是这样的:

第一次,在超市中卖果酱的货架上放置了 24 种果酱。顾客看到琳琅满目的商品纷纷驻足(60%),有的人还停下来参与试吃。但最后购买率只有 3%。

第二次,货架上只放置了 6 种果酱。在此停留的顾客有所减少(40%),但购买率却高达 31%,是前一次实验的 10 倍。

为什么是这样的结果呢? 可能人们都有选择恐惧症。当人们有太多的选项时,很容易最后什么都不选。而选项简单,决策就容易,顾客就有更大的概率购买。

3.5.5　减少确认环节

确认操作的目的是为了避免误操作。过多的确认操作反而影响用户的正常操作流程。因此,应当尽量减少确认操作,只在必要时弹出确定窗口。一般情况下,可以考虑使用不影响用户的撤销提示。

例如,删除邮件时,会弹出撤销窗口,如图 3-15 所示。如果用户是误操作,那么可以点"撤销"按钮恢复删除的邮件。如果用户没有误操作,那么可以继续进行其他操作,页面底部提示气泡会自然消失。

图 3-15　撤销删除的邮件

3.6　页面布局要随时优化

在结构层面,改进原型的方法是优化布局。怎样布局算是优化好了呢?

有一个简单的测试方法。打开原型,看两秒钟,然后关掉,立即回忆。

- 如果第一个回忆起来的是页面最想表达的东西,那么这个页面就算布局好了。
- 如果第一个回忆起来的只是页面上优先级比较低的内容,那就说明页面的层次关系有问题,页面的重点不对。

真正重要的东西应该更突出,次要的东西应该弱化。

这个方法可以自测,也可以请他人帮忙测试。但是一个人只能测一遍,第二遍就会有先前的印象影响判断,所以第二遍测试一定要换人。

下面举一些具体的例子。

3.6.1 用图形替代文字

图形比文字更易懂，应该用直观的图形展示替代直白的文字描述。

文字部分应该尽量简洁明了。文字过多会增加用户的阅读成本和理解成本。如果文字内容确实比较多，应该摘要显示，用户感兴趣再查看更多，而不是直接全部展开。

例如图 3-16 中，文字描述较多时应该引入图片，以增加页面层次，增加可读性。

图 3-16　图形展示与文字描述的对比

3.6.2 突出重点信息

类似的多个信息应该显示出最相关的几个属性差异。对比信息时，用表格形式比较清晰明确。

例如，图 3-17 中就是一个价格体系的介绍页面。应用表格形式，有助于用户对比、决策。

图 3-17　表格形式的价格对比

3.6.3 把握页面节奏

把页面做得环环相扣，要好过平铺直叙。没有节奏的页面会让用户失去兴趣，无所适从，进而造成顾客流失。

应该在页面中适当地设置一些小节，注意图文的比重、各模块的分隔、页面样式的统一。页面应节奏紧凑，环环相扣。

例如，图 3-18 中是 Airbnb 房屋详情页面的原型。整个页面样式比较统一，各部分的间距比较合理。在描述房屋的文字下面放置房屋的图片，并且图片有异步滑动的交互效果，吸引用户向下翻阅，查看更多详情，页面节奏把握得非常好。

图 3-18 Airbnb 房屋详情页原型

3.7 要保持原型的一致性

原型的一致性分为外部一致性和内部一致性。外部一致性要求尽量与其他产品保持一致，降低用户的学习成本。内部一致性要求产品中所有页面保持一致，降低用户的使用成本。

3.7.1 遵从惯例，保持外部一致

遵从惯例，使用用户已经熟悉的交互流程与页面样式，会降低用户学习成本，用户用起来会很方便。相反，与外部不一致则会提高学习成本。例如，用户想都不用想就知道界面右上角的叉叉是关闭页面用的。点击一个按钮后，用户知道会发生一些变化。

当然，惯例是会过时的，随着时间的推移，同样的操作可能被赋予新的含义。但是，打破常规时一定要注意，对于设计者显而易见的东西可能对用户不是这样的。

如图 3-19 所示为一些常见的 APP 布局，绘制原型时可以参考。

a）底部标签 / 分类

b）顶部标签 / 分类

c）侧边栏 / 抽屉

d）分块 / 九宫格

图 3-19　常见页面布局

3.7.2　统一样式，保持内部一致

　　一个产品内的各个页面的样式应该尽量保持一致，以减少用户的学习成本。用户不需要学习

新的操作。例如，各个页面的颜色，按钮的大小样式，点击、拖曳的操作效果等各方面都应该保持一致。

如图 3-20 中，一个原型的各个页面使用了相同的元件，整体保持了相似的样式。这样不仅为了满足一致性原则，而且缩短了制作原型的时间。

图 3-20 原型的一致性

04

第 4 章

交互动画

做交互动画是 Axure RP 的强项。简单的几步设置就可以让原型动起来，从而实现有创意的交互效果。用 Axure RP 做原型常常会引来设计师的惊呼："快看！他的原型会动！"。本章就介绍交互动画的制作方法。

4.1　基础概念

Axure RP 中可以设置多种交互动画。用 Axure RP 制作交互动画的过程就是选择合适的交互动画，设置合适的参数，让交互动画发生。在开始制作交互动画之前，先来了解一下 Axure RP 中与交互动画相关的基础概念。

4.1.1　了解 4 个概念

用户操作会"触发"交互动画"用例"，交互动画可以设置发生"条件"和具体"动作"。触发事件、用例、条件、交互动作四者的关系如图 4-1 所示。

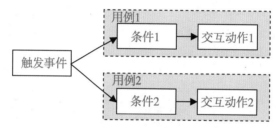

图 4-1　Axure RP 内部运行流程

1.　触发事件

生成原型网页后，Axure RP 会监控每个元件的状态。若用户的操作改变了元件状态，则元件会向 Axure RP 报告自己被怎样操作了，发生了什么样的变化。这个过程就是"触发事件"。常见的触发事件有：元件被单击、元件被拖曳、元件失去焦点，元件大小改变等。

2.　用例

发生触发事件后，Axure RP 会检查有没有应对这个"触发事件"的应对方案。如果有，则执行应对方案。这个应对方案称为"用例"。用例是条件和交互动作的集合。

3.　条件

条件是指执行用例中的交互动作前必须满足的前提。Axure RP 在执行用例中的交互动作前，会先判断用例的条件是否满足，条件满足才开始执行用例。

4.　交互动作

交互动作是指原型针对用户操作做出的反应。常见的交互动作有：移动元件、打开链接、显示 / 隐藏元件等。

4.1.2　举例说明 4 个概念

下面介绍一个简单的交互案例。例如，用 Axure RP 做一个登录页的原型，交互效果是用户在登录页面输入密码，然后单击"下一步"按钮。这时分两种情况，如图 4-2 所示。

- 如果用户输入了正确的密码，则跳转到下一个页面（显示"登录成功"）。
- 如果用户输入了错误的密码，则弹出"密码错误"提示窗口。

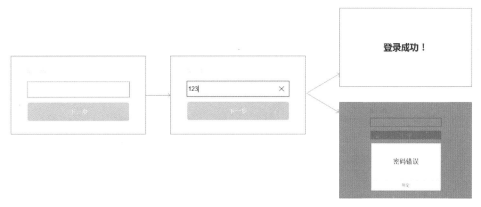

图 4-2　输入密码流程

1. 用户操作产生"触发事件"

- 用户输入密码，"输入框"产生了一个"文本改变"的触发事件。
- 用户单击"下一步"按钮，"按钮"产生了一个"鼠标单击"的触发事件。

2. Axure RP 查找事件对应的"用例"

针对下一步按钮的"鼠标单击"事件，有两个用例——用例 1、用例 2，分别实现输入正确和输入错误这两种情况。

3. 执行用例前先检查"条件"

用例 1 的条件是用户密码输入正确。用例 2 的条件是用户密码输入错误。

4. 执行用例的"交互动作"

用例 1 的交互动作是跳转到"登录成功"页面。用例 2 的交互动作是弹出"密码错误"窗口。

下面会一步一步把这个例子从零开始做一遍，同时把 4 个概念讲清楚。后面的所有案例都会按这 4 个概念的顺序讲解。

4.1.3　触发事件

用户操作会产生触发事件，例如单击、拖曳等。先来看看在 Axure RP 中"事件"这个概念是怎么体现的。

（1）打开 Axure RP，添加一个文字元件、一个输入框元件、一个矩形元件。

（2）简单设置元件样式。

（3）选中矩形元件，如图 4-3 中的左图所示。

（4）观察"属性"区域，如图 4-3 中的右图所示。

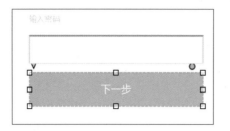 

图 4-3　矩形元件的事件

图 4-3 中红框中的就是"事件"——"鼠标单击时""鼠标移入时""鼠标移出时"……

事件有个特点，就是事件的名字都以"时"结尾。"事件"的作用如其名一样，可以用来控制交互效果发生的"时机"。

例如：

- 希望单击"注册"按钮时产生交互效果，则在按钮的"鼠标单击时"事件中添加用例。
- 希望让光标移动到按钮上时产生交互效果，则在"鼠标移入时"中添加用例。

Axure RP 中有很多种事件，下面先了解矩形元件有哪些事件。选中矩形元件，单击"更多事件"按钮，可以看到如图 4-4 所示的菜单。

图 4-4　矩形元件的更多事件

其中，鼠标产生的事件和键盘操作产生的事件都比较好理解。

1．元件变化产生的事件

下面主要介绍"元件变化产生的事件"。

- 移动：是指元件位置坐标发生变化。通常发生在元件被拖曳时。
- 旋转：是指元件顺时针或逆时针转动。执行交互动作"旋转"时会触发这个事件。
- 尺寸改变：是指元件宽度、高度发生改变。执行交互动作"设置尺寸"时会触发这个事件。
- 显示、隐藏：是指元件是否能被用户所见。执行交互动作"显示/隐藏元件"或"切换可见性"时会触发这个事件。
- 获取焦点、失去焦点：是指选中了某个元件。例如单击输入框，则输入框中出现光标了，这就是获取焦点了。如果此时再单击一下其他区域，输入框中不再显示光标了，那就是失去焦点了。
- 载入时：是指刚打开原型页面，页面上的元件刚刚加载出来时触发的事件。

🔔 提示：

在手机上看原型时，手指单击相当于鼠标单击，手指长按相当于鼠标长按。

"矩形元件"中包含了大多数元件通用的事件。除此之外，一些特殊类型的元件会产生独特的事件。

2. 一些特殊类型的元件产生的事件

- 单选按钮元件会产生事件"选中时""取消选中时"，如图 4-5 所示。
- 在文本框元件中输入或删除文本会产生事件"文本改变时"，如图 4-6 所示。

图 4-5　单选按钮的事件　　　　　　　　　　　图 4-6　文本框的事件

- 动态面板切换状态会产生事件"状态改变时"，如图 4-7 所示。
- 动态面板被拖曳会产生事件"拖动时"，如图 4-7 所示。

图 4-7　动态面板的事件

3. 整个页面发生变化产生的事件

另外，整个页面发生变化也会产生事件，如图 4-8 所示（单击页面空白区域可以看到页面的事件）。

- "页面载入时"是指页面在浏览器中打开。
- "窗口改变时"是指浏览器窗口改变尺寸。

Axure RP 还有许多事件，后文的案例中会涉及大多数常用的事件，有兴趣的读者也可以自己探索更多的事件。

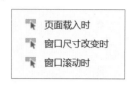

图 4-8　整个页面的事件

4.1.4　用例

Axure RP 可以针对"触发事件"设置"用例"。一个用例代表一套交互流程。

下面看看"输入密码"的案例是如何设置用例的。

（1）选中原型中的"下一步"按钮，在"属性"面板中的"鼠标单击时"上右击，在弹出的快捷菜单中选择"添加用例"命令，如图 4-9 所示。

（2）在弹出的设置窗口中，将"用例名称"改为"输入正确"，如图 4-10 所示。然后用同样的方法再添加一个用例，并将"用例名称"改为"输入错误"。

图 4-9　选择"添加用例"命令

图 4-10　修改用例名称

（3）在"属性"选项卡中可以看到改名后的两个用例，如图 4-11 所示。

（4）设置了用例之后，元件右上角会出现一个序号，如图 4-12 所示。可以通过"是否有序号"来快速辨识一个元件是否设置过用例。

两个用例 →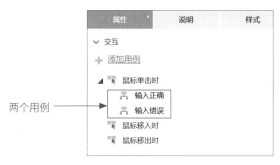

图 4-11　修改后的两个用例　　　　图 4-12　设置用例后的元件

用例包括两部分，即执行用例的条件和具体的交互动作。条件和交互动作的设置方法在 4.1.5 节和 4.1.6 节中将详细介绍。

4.1.5　交互动作

Axure RP 支持的交互动作主要分为以下 5 类。

- 链接：打开新的网页链接，常用于实现页面间的交互。
- 元件：改变元件的属性，如可见性、大小和位置等，常用于实现一个页面上的交互。
- 变量：通过设置变量值来记录数据，如记录输入的文字、记录选项的状态等。
- 中继器：通过操作"中继器"元件来管理数据，如在表格中添加一行数据、删除一行数据等。
- 其他：等待、自定义事件等不属于前几类的交互动作都归在此类，后文案例用到这些事件时，会分别介绍。

由于 Axure RP 中的交互动作太多，所以不在这里一一介绍，而是分散在后文各个案例中详细介绍。下面附一张表格（如表 4-1 所示），可以查询各个交互动作出现在哪一章的哪一节。

表 4-1　各个交互动作出现的章节

动作类别	动作名称	介绍章节
链接	打开链接	4.1.5 节
	滚动到元件	4.4.3 节
元件	隐藏显示	4.1.5 节
	移动	4.2.4 节 4.3.3 节
	设置尺寸	4.4.1 节

（续）

动作类别	动作名称	介绍章节
元件	设置动态面板状态	4.3.1 节
	获取焦点	4.3.5 节
	设置文本	5.1 节
	设置图片	5.4.2 节
	旋转	6.5.4 节
变量	全局变量	5.1.2 节
中继器	所有动作	5.3.6 节
其他	等待	4.3.4 节

　　"输入密码"案例包含了"链接""元件"这两种交互动作。下面以"输入密码"为例，介绍这两种交互动作。

　　1. 设置"输入正确"用例的交互动作

　　（1）双击用例名称，弹出设置窗口。在"输入密码"案例中，输入正确密码后的交互效果是跳转到下一个页面，这里可以用 Axure RP 中的交互动作——"打开链接"来实现，如图 4-13 所示。

图 4-13　添加动作

　　从图 4-13 中可以看到设置一个动作分为以下 3 步。

- 添加动作：在左侧菜单中单击不同的动作，即可添加该动作。本例中，应该选择"链接 - 打开链接 - 当前窗口"。
- 组织动作：可以调整多个已添加动作的先后顺序。本例中只有一个动作，因此这里可以忽略。

■ 配置动作: 这里用来设置每个动作的具体信息。本例中"打开链接"动作有两个属性需要配置，分别如下。

➢ 打开位置: 有 4 个选项，分别是当前窗口、新窗口 / 新标签、弹出窗口和父窗口。其中，前 3 个选项比较好理解。父窗口与弹出窗口是对应的，指的是弹出窗口的原窗口，而不是内联框架的上层。

➢ 打开链接: 有 4 个选项，分别是当前原型项目中的页面、外网的链接、刷新当前页面 (已修改的变量有效)、返回上一页。

（2）单击"确定"按钮，可以看到已添加的动作，如图 4-14 所示。

（3）做好 page1 页面，然后发布原型。在网页中单击"下一步"按钮，可以看到弹出了一个菜单，两个用例并列显示出来了，如图 4-15 所示。这是因为此时还没有给用例添加条件。两个用例都判断为"满足条件"，都可以被执行。有多个可执行用例的情况下，Axure RP 会把所有的用例都显示出来，让用户选择执行哪一个用例。

图 4-14　已添加的动作

图 4-15　选择用例

（4）单击"输入正确"按钮，页面会跳转到 page1 页面。

2. 设置"输入错误"用例的交互动作

（1）在页面任意位置添加矩形和文字元件，组成"错误提示窗口"，如图 4-16 所示。

（2）选择这些元件，右击，在弹出的快捷菜单中选择"转换为动态面板"命令，如图 4-17 所示。

密码错误

确定

图 4-16　密码错误提示窗口

图 4-17　转换为动态面板

（3）将动态面板改名为"错误提示窗口"。可以看到上一步操作其实是在选中的元件外面套了一层动态面板，如图 4-18 所示。现在"密码错误"等元件都放在动态面板"错误提示窗口"的状态 State1 中了。

（4）右击"错误提示窗口"，在弹出的快捷菜单中选择"设为隐藏"命令，然后再选择"固定到浏览器"命令，如图 4-19 所示。

图 4-18　给动态面板改名　　　　　　　　　　图 4-19　设为隐藏

（5）在弹出的"固定到浏览器"窗口中，将固定方式设置为水平居中和垂直居中，如图 4-20 所示。（通常可以将弹出窗口设为居中，顶部标题栏设为靠上，底部操作按钮设为靠下）

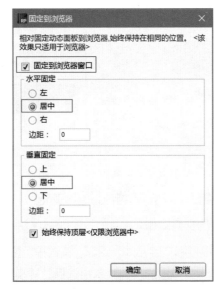

图 4-20　固定到浏览器

（6）编辑用例"输入错误"。添加动作"显示"，在"配置动作"区域选中"错误提示窗口（动态面板）"复选框。然后在"更多选项"中选择"灯箱效果"，如图 4-21 所示。

"显示"动作有以下 4 个配置项。

- 可见性：可以将元件设为可见（显示）、不可见（隐藏），或者根据当前状态切换为相反的状态（切换）。隐藏、切换、显示三个动作的配置项稍有不同。
- 动画：控制元件出现或者消失时的动画效果。下面只介绍显示的动画，隐藏的动画与此类似。
  - ➢ 无：立即出现，无动画效果。

图 4-21　编辑用例

> 逐渐：元件从完全透明开始，逐渐降低透明度，最终变为不透明，正常显示。

> 向上滑动（向下滑动 / 向左滑动 / 向右滑动）：开始看不到元件，然后从底部位置开始，元件逐渐上移并显示出来，最后停在原型中元件所在位置，元件完全显示出来。其他情况与之类似，不再赘述。

> 向上翻转（向下翻转 / 向左翻转 / 向右翻转）：开始看不到元件，然后像旋转门一样，元件沿中轴线翻转出现，当元件完全显示出来之后，停止转动。其他情况与之类似，不再赘述。

■ 置于顶层：显示时，将元件层级置于顶层。

■ 更多选项：给出了以下几种常见的交互效果。

> 无：无交互效果。

> 灯箱效果：类似于弹窗效果。元件出现时，在页面上增加一层黑色透明遮罩。遮罩颜色可调整。鼠标单击遮罩部分，元件会自动隐藏。

> 弹出效果：类似于弹出菜单效果。元件出现后，只要鼠标移出元件范围，元件就会自动隐藏。

> 推动元件：类似于展开下一级菜单的效果。元件出现时，会将页面上其他元件推开，给自己留出空间。如图 4-22 所示，可以选择只推开下方的其他元件，或者只推开右侧的元件，还可以选择被推动的元件的动画效果。

Axure RP 的动画效果建议读者自己试一试，理解起来更直观。

（7）此时，已经设置好了两个用例的动作，如图 4-23 所示。

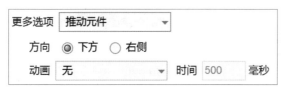

图 4-22 推动元件

图 4-23 用例的动作设置

4.1.6 条件

若一个触发事件有多个用例，通常要给用例设置"条件"。这样就能在不同情况下，执行不同的用例。

1. 举例讲解如何设置条件

本节仍以"输入密码"案例为例，给用例设置条件，让原型根据密码是否正确，执行不同用例。

先假设正确的密码是 123。这样，判断密码是否正确，就可以简化为判断文本框中输入的文字是否等于 123。

（1）设置文本框名称为"密码"，如图 4-24 所示。这便于后续设置过程中，可根据名称选中这个文本框。

图 4-24 设置文本框名称

（2）编辑用例"输入正确"。单击"添加条件"按钮，弹出"条件设置"对话框，然后按如图 4-25 所示设置条件——元件选择"密码"，值填写 123。这样设置的含义是当"密码"文本框中的文字等于 123 时，执行用例。

图 4-25 设置条件

（3）编辑完用例"输入正确"的条件之后，属性栏中的两个用例都发生了变化，如图 4-26 所示，可以看到用例的条件和交互动作的描述。"输入正确"的条件是刚刚设置的，"输入错误"的条件是自动出现的。

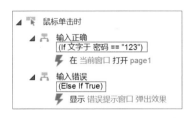

图 4-26　设置了条件的用例逻辑

- "输入正确"的条件"（if 文字于密码 =="123"）"表示如果"密码"文本框上的文字等于 123，则执行用例"输入正确"。其中，if 是表达逻辑关系的。它表示如果 if 后面的条件成立，则执行这个用例；否则跳过这个用例。
- "输入错误"的条件"（Else if True）"表示如果用例"输入正确"的条件不成立，则执行用例"输入错误"。其中，Else if 是表达逻辑关系的。else if 一般跟 if 配套出现，表示如果 if 条件不成立，则检测 else if 条件是否成立。如果 else if 条件成立，则执行用例；否则跳过这个用例。

2．"条件设立"界面介绍

下面介绍"条件设立"界面中的几个概念。

Axure RP 中可以判断很多类型的值，如图 4-27 中以"元件文字"是否等于 123 作为判断条件。同时在图 4-27 中也列出了更多值类型。

图 4-27　条件窗口的各个选项

- 值、变量会在第 5 章中详细介绍。
- 焦点元件文字：当前焦点所在的元件上的文字。
- 元件文字长度：元件上文字的字数。例如，想判断用户输入的是不是手机号，可以判断元件上文字的长度是否等于 11。

- 被选项：当前选中的下拉列表元件上的文字。
- 选中状态：某个元件是否被选中。选中为 true，未选中为 false。
- 面板状态：动态面板的当前状态。例如，想判断开关是否打开，可以先在动态面板的状态 1 中画一个打开的开关，在状态 2 中画一个关闭的开关。判断动态面板是否处于状态 1，就相当于判断开关是否打开。
- 元件可见：某个元件是否可见。可见为 true，隐藏为 false。
- 按下的键：可以作为判断条件。例如，判断按下的键是不是 Enter 键，是否进入下一个页面。
- 指针：就是鼠标光标的位置。可以判断光标是否进入某个元件的范围内。
- 元件范围：元件所占的整片位置。可以判断元件范围是否与另一元件重合。
- 自适应视图：在后文将详细介绍。

条件的关系符号有以下 10 种。

- "=="表示"等于"。
- "!="表示"不等于。
- "<"和">"表示小于和大于号。
- < = 表示小于等于号。
- > = 表示大于等于号。
- "包含"：如字面意思，表示关系符号前面的文字中是否包含了后面的文字。例如，判断"邮件"文本框中是否包含 @。"不包含"的意义与之相反，较好理解，不再赘述。
- "是"：用来判断值的类型（文字、数字等）。例如，判断"手机号"文本框中是否都是数字。"不是"的意义与此类似较易理解，不再赘述。

组合条件：Axure RP 允许设置多个条件。

- 图 4-27 中右上角红色标注框中的按钮可以添加或删除一个条件。
- 图 4-27 中左上角的选项可以设置多条件整体成立的模式——多个条件同时符合，才算整体成立；或者多个条件中只要有任意一个符合，就算整体成立。

3. "if……else if……"结构

条件语句一般分为两部分，即逻辑关系和条件内容。本节案例中两个用例的条件语句如表 4-2 所示，两个用例的逻辑关系是"if……else if……"。

表 4-2 条件语句

用　　例	逻辑关系	条件内容
输入正确	if	文字于密码 ==123
输入错误	else if	true

若两个用例的条件中出现"if……else if……"，则依次检查这两个用例的条件。若条件满足则执行用例并停止检查，否则继续检查。执行流程如图 4-28 所示。

如果有多个用例，if 只能有一个，else if 可以有多个。例如：

- 用例 1 if XXX
- 用例 2 else if XXX
- 用例 3 else if XXX
- 用例 4 else if XXX

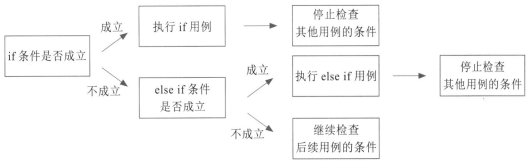

图 4-28　if……else if……的执行逻辑

这些用例的执行逻辑是这样的：按从上到下的顺序，依次检查用例的条件，若条件满足，则执行用例并停止检查，否则继续检查后续的其他用例条件。

细心的读者可能已经发现了，如果所有的条件都不满足，则一个用例都不会执行。为了避免这种情况，通常会将最后一个用例的条件内容设为 true。例如：

- 用例 1 if XXX
- 用例 2 else if XXX
- 用例 3 else if XXX
- 用例 4 else if true

true 永远表示条件成立，它可以用来"兜底"。即使用例 1、用例 2、用例 3 的条件都未满足，用例 4 也会被执行。

下面举一个例子，如表 4-3 所示。

表 4-3　各用例的条件及交互动作

用　例	条　件	交互动作
用例 1	if 密码为 111	进入用户 1 的界面
用例 2	else if 密码为 222	进入用户 2 的界面
用例 3	else if 密码为 333	进入用户 3 的界面
用例 4	else if true	弹出错误提示

案例的效果是输入 111 进入用户 1 的界面，输入 222 进入用户 2 的界面，输入 333 进入用户 3 的界面，除此之外都弹出错误提示。

案例中有 4 个用例。它们的关系是"if……else if……else if……else if true"。执行时，会依次检查各用例的条件，并执行第 1 个满足条件的用例。即使用例 1、用例 2、用例 3 的条件都不满足，也一定会执行用例 4。用例 1、用例 2 和用例 3 分别实现了 3 个用户的登录。用例 4 实现了"除此之外都弹出错误提示"的效果。

4."if……if……"结构

if……else if……结构的用例，在执行时会依次检查用例的条件，并只执行第 1 个满足条件的用例。如果想实现"执行所有满足条件的用例"的效果可以使用"if……if……"结构。

"if……if……"结构的用例会根据各自的条件是否成立来决定该用例是否执行。最终可能执行其中一个，也可能所有用例都执行或所有用例都不执行。

Axure RP 默认会将用例设置为"if... else if true"的关系。想要改为"if... if..."的关系，可以右击条件，然后在弹出的快捷菜单中选择"切换为 <If> 或 <Else if>"命令，如图 4-29 所示。

下面试一试不同逻辑结构的执行效果。

（1）将"输入错误"的条件改为 if，如图 4-30 所示。

此时单击"下一步"按钮的执行效果是什么呢？

- 当输入 124 时，"输入正确"的条件不成立，"输入错误"的条件成立。所以会弹出"错误提示"窗口。
- 当输入 123 时，"输入正确"的条件成立，"输入错误"的条件也成立。原型会同时打开 page1，并弹出"错误提示窗口"。

（2）将"输入错误"的条件改为密码不等于 123，如图 4-31 所示。

此时，两个用例的条件互补。单击"下一步"按钮的执行效果与条件为 else if true 时一样。

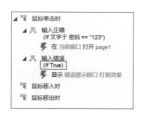
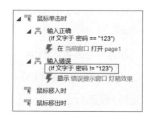

图 4-29　切换 if 或 else if　　　　图 4-30　切换成 if　　　图 4-31　条件改为密码不等于 123

- 当输入 124 时，"输入正确"的条件不成立，"输入错误"的条件成立，所以会弹出"错误提示，窗口"。
- 当输入 123 时，"输入正确"的条件成立，"输入错误"的条件不成立，所以会打开 page1。

4.2　动态面板

动态面板是一个容器，包含多个"状态"。状态上可以放置元件。一个状态就像一个页面，多个"状态"间可以动态切换，就能实现页面切换的效果。动态面板是最常用、最便于实现交互动画的元件。

4.2.1　创建动态面板

在 Axure RP 中，可以直接从元件库中把动态面板拖曳到画布上。动态面板是一个容器，即动态面板是个"空壳"。在画布上，它应该是透明的。但是为了方便找到它，Axure RP 给动态面板加了一层浅蓝色遮罩，如图 4-32 所示。

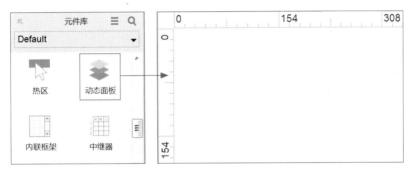

图 4-32　从元件库拖曳动态面板

除了直接拖曳，还有一种创建动态面板的方法是把多个元件"转换为动态面板"。

- 如果已经知道动态面板应该做成多大尺寸，可以直接创建动态面板。
- 如果开始不了解动态面板该有多大尺寸，那么可以先摆好元件，再把摆好的元件转换为动态面板。

全选元件，然后在右键快捷菜单中选择"转换为动态面板"命令，如图 4-33 所示。

图 4-33　将元件转换为动态面板

"转换为动态面板"其实自动干了两件事：

- 一是创建了一个新的动态面板。
- 二是把元件放在了动态面板的第一个"状态"里。

例如图 4-34 中，矩形元件转换为动态面板后，被放在了动态面板的状态 State1 中。

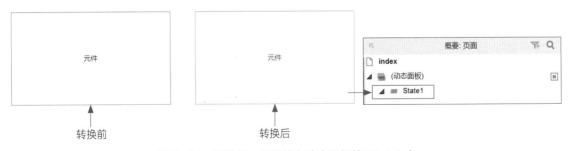

图 4-34　转换后，元件放在动态面板的 State1 中

"转换为动态面板"操作是可逆的。"从首个状态中脱离"命令（如图 4-35 所示）与之相反，可以让第一个状态中所有元件从动态面板中脱离，并删除第一个状态。如果动态面板只有一个状态，那么这个功能会将动态面板删除，将状态中的所有元件直接放在画布上。

图 4-35　"从首个状态中脱离"命令

4.2.2　动态面板的状态

动态面板是一个容器，包含多个"状态"。每个状态就像卡片盒里的一张卡片。盒子里可以有多张卡片，但只有最顶层的卡片可以被看到。

1. 状态的基本操作

（1）添加状态

在状态上右击，在弹出的快捷菜单中选择"添加状态"命令（如图 4-36 所示），可以添加多个状态，这里添加了 3 个状态（State1、State2、State3）。

（2）查看状态

双击状态名称，即可进入"状态页面"查看状态。开始的每个状态都是空的，像其他页面一样，"状态页面"中可以添加元件。例如，图 4-37 中，就在 State1 页面中添加了一个矩形元件。

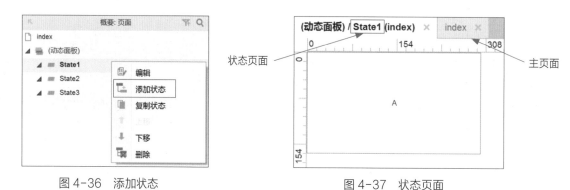

图 4-36　添加状态　　　　　　　　　　图 4-37　状态页面

（3）复制状态

"复制状态"命令会生成一个新的状态，并复制原状态中的所有元件。例如，图 4-38 中，复制 State1 会生成一个新的状态 State4。而且，State4 中已经包含了一个跟 State1 中一模一样的矩形元件。

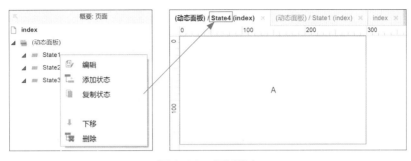

图 4-38 复制状态

2. 状态的显示特性

动态面板同一时间只显示最上层的状态。下面我们来试一试。

（1）将 State4 中的矩形元件上的文字改为 B。回到 index 页面，可以看到动态面板显示的是 State1，如图 4-39 所示。

（2）如图 4-40 所示，调整动态面板的状态顺序，现在是 State4 处于最上层。相应的，画布上动态面板显示的不再是 State1，而是 State4。

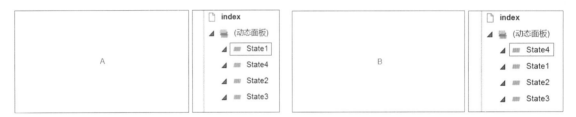

图 4-39 画布中显示 State1　　　　　　　图 4-40 画布中显示的是 State4

🔔 提示：

切换动态面板的状态，就能改变动态面板显示的页面。利用这个特性可以实现很多交互效果。例如，轮播图、标签页等。后文的案例中将有更多的说明。

4.2.3 调整动态面板的尺寸

动态面板像一个窗口，状态页面是窗外的风景。动态面板的尺寸大小控制着状态页面的可视范围。动态面板越大，状态页面的可视范围越广。

1. 默认尺寸

默认情况下，动态面板自动调整为状态页面的大小，使状态页面完整显示。Axure RP 中的元件大小根据内容自动调整时，元件四周的拖曳块是黄色的；元件大小由手动调整时，四周的拖曳块是白色的。默认情况下选中动态面板后如图 4-41 所示。

2. 手动调整尺寸

手动拖曳动态面板可以直接改变其大小。无论如何拖曳，状态页面的左上角是固定的。动态面板尺寸缩小之后，状态页面左上角与动态页面左上角对齐，从右下侧开始隐藏。对比图 4-41 和图 4-42 可以发现，缩小动态面板后，状态页面只能看见其左上部分了。缩小前文字 B 是居中的，缩小可视范围后，B 已经到右下角了，如图 4-42 所示。

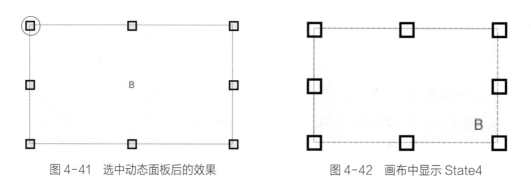

图 4-41　选中动态面板后的效果　　　　图 4-42　画布中显示 State4

进入动态面板的 State4 的状态页面，如图 4-43b 所示。可以明显看到矩形的大小没有改变，只是动态面板的可视范围变小了。图 4-43b 中的蓝色虚线相当于动态面板的边缘，原型中只有处于蓝线内的部分可见。

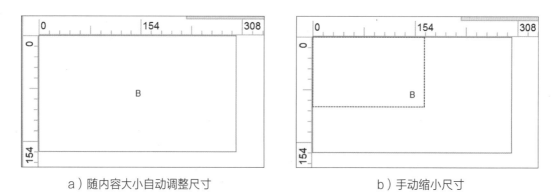

a）随内容大小自动调整尺寸　　　　　　b）手动缩小尺寸

图 4-43　尺寸提示

3. 自动调整尺寸

手动缩小尺寸后，再想调回"按内容自动调整大小"，有两个办法，一是鼠标双击元件四周的拖曳块；二是从右键快捷菜单中选择"自动调整为内容尺寸"命令，如图 4-44 所示。

4. 100% 宽度

动态面板还有个特殊功能，即"100% 宽度"，如图 4-45 所示，可以让动态面板的宽度与展示原型的浏览器宽度相同。动态面板设置为"100% 宽度"之后，在画布上不会立即看到效果，当原型展示在浏览器中时才能看到效果。

图 4-44　自动调整为内容尺寸

图 4-45　100% 宽度

4.2.4　拖曳

动态面板是唯一可以响应"拖曳"操作的元件。APP 原型中拖曳操作比较多，例如上 / 下翻列表、左滑返回上一页等。这些交互效果只能由动态面板来实现。

1. 拖曳相关的触发事件

下面先看一下动态面板中与拖曳操作相关的触发事件，如图 4-46 所示。

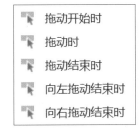

图 4-46　与拖曳相关的触发事件

Axure RP 把"拖曳"操作的整个过程分解成了 3 个阶段，每个阶段对应一个触发事件。

（1）拖动开始时：鼠标按下的瞬间触发这个事件。如果拖曳交互效果比较复杂，可以在这个事件中处理一些准备工作。在后面的 5.4.3 节中识别手势的算法就是在"拖曳开始时"中执行的。

（2）拖动时：鼠标按下并持续按住时，整个持续时间段内会不断触发这个事件。通常用来实现"鼠标拖曳，元件随之移动"的效果。例如上下拖曳列表，拉出侧边栏等。

（3）拖动结束时：持续按住鼠标一段时间后，在松开的一瞬间会触发这个事件。通常用来实现"松开鼠标，元件回弹"的效果。例如，下拉刷新、iOS 列表的弹性效果等。

"拖动结束时"还有两个特殊的变体。Axure RP 会在拖动结束时，自动识别拖曳的方向。根据拖曳是向左或向右，进一步分出两个事件。

■ 向左拖动结束时：按住鼠标，向左拖曳一定距离然后松开鼠标，在松开的瞬间触发这个事件。

■ 向右拖动结束时：按住鼠标，向右拖曳一定距离然后松开鼠标，在松开的瞬间触发这个事件。

无论拖曳路径多复杂，都会触发"拖动结束时"事件。但只有水平向左 / 右拖曳才会触发"向左 / 右拖动结束时"事件。这两个事件可以快速实现一些简单的滑动效果。例如，左右滑切换轮播图等。

2. 举例讲解拖曳效果的实现

"鼠标一边拖曳，元件一边随之移动"是最常见的交互效果。下面介绍如何实现这个效果。

如图 4-47 所示，在动态面板的"拖动时"事件中添加用例 Case1，然后添加动作"移动"。选择"当前元件"为要移动的元件，移动方式选择"拖动"，表示动态面板跟随鼠标拖曳而移动。这样就实现拖曳元件的效果了。

图 4-47　添加"移动"动作

3. 拖曳的多种移动方式

除了"拖动"之外，"移动"动作还可以配置其他移动方式。而且，在"拖动开始时、拖动时、拖动结束时"等事件中，可以选择的移动方式是不同的。

"拖动开始时"可以选择"到达""经过"，如图 4-48 所示。两种方式都带有 x、y 两个参数，不过两种方式下，参数的含义不同。

- "到达"方式下，x、y 表示"移动到"坐标值为 x、y 的位置。
- "经过"方式下，x、y 表示向右移动 x 像素，向下移动 y 像素。x、y 为负数时，向反方向移动。

"拖动时"可以选择的，除了"到达、经过"移动方式，还有"拖动、水平拖动、垂直拖动、回到拖动前位置"移动方式，如图 4-49 所示。默认选择"拖动"移动方式。

- 拖动：要移动的元件随着鼠标光标而动，光标走过多少距离，元件就走多少距离。
- 水平拖动：要移动的元件只在水平方向上随着光标移动。
- 垂直拖动：要移动的元件只在垂直方向上随着光标移动。

图 4-48 拖动开始时的移动方式   图 4-49 "到达、经过"移动方式

"拖动结束时"与"拖动时"可以选择的移动方式一样。默认选择"回到拖动前位置"。

■ 回到拖动前位置：元件移回按下鼠标，拖曳开始的瞬间的那个位置。

4.3 常用交互案例

交互动画能引起用户的注意力，帮助用户理解。交互设计是产品设计的一个重要部分。进行原型设计时，应当给重要功能设计创新的交互动画。其他常规页面的交互动画可以直接利用本书提供的案例或通过模板复制、粘贴。

学习下面这些案例，可以练习做交互动画的能力。

4.3.1 案例 5：轮播图

轮播图通常放在页面顶部最显眼的位置。如图 4-50 就是本案例的最终效果。

a）第 1 张图

b）第 2 张图

c）第 3 张图

图 4-50 轮播图

精心设计的图片比列表更美观，转化率更高。所以当内容比较多时，可以采用轮播图的形式展示精选内容。另外，负责运营的同事常常会提一些跟产品逻辑不相关的运营需求，轮播图也可以承载这部分需求。

轮播图有多种样式，最常见的轮播图可以自动左右切换，可以点选切换到任意位置的图。下面介绍如何用 Axure RP 实现轮播图。

（1）创建动态面板，名称设为"轮播图"，如图 4-51 所示。

（2）在动态面板中添加 3 个状态，名称分别为 State1、State2、State3。在每个状态中分别添加一张不同的图片，如图 4-52 所示。

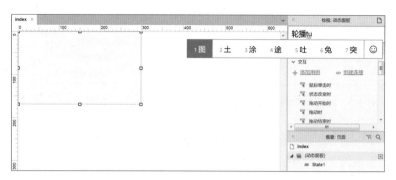

图 4-51　设置轮播图名称

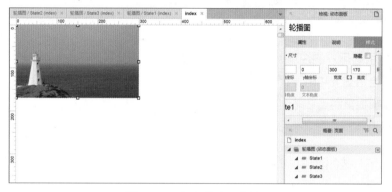

图 4-52　添加状态和图片

（3）给轮播图添加"载入时"用例，如图 4-53 所示。添加动作"设置面板状态"，来实现自动轮播效果。

图 4-53　设置自动播放效果

（4）新建 3 个小圆点，并转换为动态面板。动态面板名称设置为"点"，如图 4-54 所示。

图 4-54　创建动态模板"点"

- 选择状态：可以选择切换到某个特定的状态，例如 State1，也可以选择相对的位置，例如 Next（当前状态的下一个状态）或 Previous（当前状态的上一个状态）。本例要实现每 2 秒切换到下一个状态，所以这里选择了 Next。
- 循环："向后循环"的含义是循环到最后一个状态后，再从第一个状态开始不断循环。如果没有勾选"向后循环"复选框，只勾选"循环间隔"复选框的话，循环到最后一个状态就会停止循环。
- 循环时间：按毫秒进行设置。通常一个动画不应该超过 2000 毫秒（即 2 秒）。图片左右滑动、窗口淡入和淡出等，为了让页面变化更自然而制作的动画，时间大概 500 毫秒即可。
- 动画：前文介绍过显示或隐藏的动画。显示或隐藏只需设置一次动画即可。但是，动态面板状态切换的动画是一个状态移走，另一个状态移入，所以要设置两个动画。

（5）在"点"中，复制 2 次 State1。一共添加 3 个状态，如图 4-55 所示。

图 4-55　添加状态，并改变点的颜色

- State1 中第 1 个点设为蓝色，第 2 个、第 3 个点设为白色。
- State2 中第 2 个点设为蓝色，第 1 个、第 3 个点设为白色。
- State3 中第 3 个点设为蓝色，第 1 个、第 2 个点设为白色。

（6）修改轮播图的"载入时"用例。让"点"跟"轮播图"同步循环。但"点"不用设置动画，如图 4-56 所示。

图 4-56　点与轮播图同步循环

🔔 提示：

为什么把点和轮播图分成两个动态面板呢？因为点和轮播图的动画不同，轮播图要左右滑动，点可以直接切换，所以需要分别设置两者的动画。

4.3.2　案例 6：切换标签页

标签栏是 APP 常用的页面形式，如图 4-57 所示。

做 APP 原型一般都会用到标签栏。通常标签栏可以有 3 ～ 5 个标签。少于 3 个会比较空，多于 5 个会放不下。下面介绍实现方法。

（1）添加 4 个矩形。分别写上文字，标识各自代表什么，如图 4-58 所示。

（2）将元件转换为动态面板，名称设置为"APP"。复制两次状态 State1，一共添加 3 个状态。将 3 个状态分别命名为"页面 1、页面 2、页面 3"，如图 4-59 所示。再把页面 2、页面 3 里的矩形相应改名。

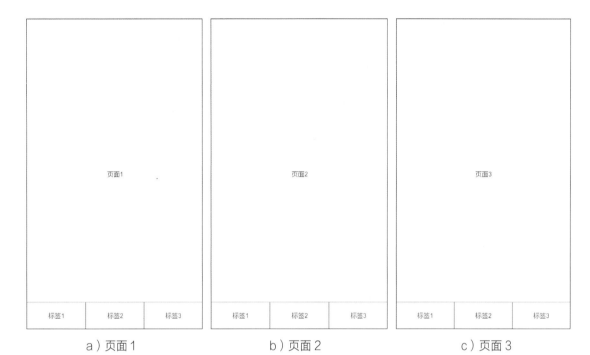

a）页面1   b）页面2   c）页面3

图 4-57   标签页

图 4-58   摆好页面和标签

图 4-59　添加状态

（3）在页面 1 的标签 1 上放一个等大的"热区"元件。在热区的"鼠标单击时"中添加用例。在用例中添加动作"设置面板状态"，选择状态"页面 1"，如图 4-60 所示。

图 4-60　鼠标单击用例

（4）在标签 2、标签 3 上同样添加"热区"。然后在热区上设置动作。最后，将三个"热区"复制到页面 2、页面 3 中，如图 4-61 所示。

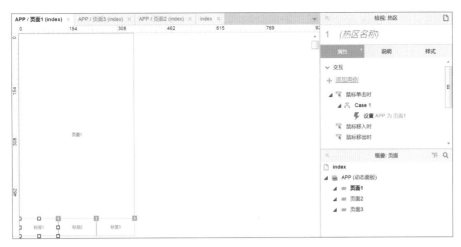

图 4-61　复制热区

（5）最后的效果是，在原型中单击标签 1 区域，动态面板跳转到页面 1；单击标签 2 区域，跳转到页面 2；单击标签 3 区域，跳转到页面 3。

🔔 提示：

　　为什么把动作添加在热区上，而不是直接设在标签 1 上呢？在这个案例中，两者的效果是一样的。但是如果标签 1 不只是一个矩形，而是一个矩形、一段文字、一个图标等多个元件组合而成的话，用热区来控制这片区域的单击动作更为简洁。

4.3.3　案例 7：侧边栏

在侧边栏这种交互形式刚出现的时候，大家都觉得这种交互形式新奇、酷炫，于是都一窝蜂地使用侧边栏，几乎每个 APP 都有一个侧边栏，如图 4-62 所示。

但侧边栏并不是万能的。侧边栏平时是隐藏起来的，只有用户滑出才显示出来。这个特点一方面让 APP 非常简洁，但另一方面也导致被隐藏的功能使用率降低。乱用侧边栏，效果肯定差强人意。

慢慢地 APP 都回归到适合自己的交互形式，现今侧边栏反而比较少见了。

要正确使用侧边栏，应该注意以下几点：

- 低频功能适合放在侧边栏里平时被隐藏起来，以突出主要功能。主要功能应该放在顶部或底部标签中，方便用户快速切换。

图 4-62　侧边栏

- 标签栏只能放 3 ~ 5 个按钮。更复杂的目录结构适合用侧边栏来展示，如特别长的目录或者两级目录。

下面介绍如何实现侧边栏功能。

（1）摆好主页面，然后转换为动态面板。将动态面板命名为"主页"，如图 4-63 所示。

图 4-63　创建"主页"面板

（2）在主页的 State1 中摆好侧边栏，侧边栏宽度控制在 300，然后转换为动态面板。将面板改名为"侧边栏"，如图 4-64 所示。在右下角的元件地图中可以看到已创建的两级动态面板。

图 4-64　创建"侧边栏"面板

（3）在侧边栏的"向左拖动结束时"事件中添加动作"移动"，如图 4-65 所示。选择侧边栏为要移动的元件，移动方式为到达位置（$x=-300, y=0$）。动画设置为"摇摆"。

前文解释过各种移动方式的含义。本例中移动方式是"到达"，坐标 x 设为负数的侧边栏宽度。目的是将侧边栏移到刚好看不到的位置，实现侧边栏收起的效果。

图 4-65 添加"移动"动作

下面介绍一下"动画"。如果不设置动画效果的话，元件的移动是瞬间完成的。设置了动画效果，元件会在动画效果时间内以动画方式完成移动。Axure RP 中的动画有以下几种。

- 摇摆：从当前位置到目标位置，沿直线运动。速度先快后慢。接近终点时可以感到速度减缓。
- 线性：直线移动，始终保持匀速。
- 缓慢进入：直线移动，速度先慢后快。
- 缓慢退出：直线移动，速度先快后慢。与摇摆的区别仅仅是速度不同，开始时更快，接近终点时更慢。
- 缓进缓出：直线移动，速度先慢后快，然后再先快后慢。就像开车，先起步加速，快到终点时刹车减速。
- 弹跳：在到达目标位置时，有几次回弹，就像撞到了地面的效果一样。
- 弹性：在到达目标位置后，会超出目标位置一段距离，然后被拉回来，就像拉橡皮筋的效果一样。

（4）上文的第3步实现了侧边栏的收起动画。下面用类似的方式，实现侧边栏的展开动画。先把侧边栏移开，在主页左上角的按钮上添加一个"热区"元件，如图 4-66 所示。

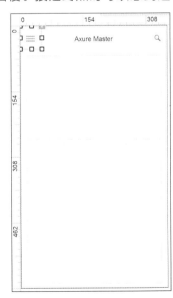

图 4-66 添加热区

（5）给热区"鼠标单击时"添加"移动"动作，如图 4-67 所示，动作配置与第 3 步基本一样。移动到坐标（x=0，y=0），让侧边栏完全显示出来。

（6）调整元件的顺序，将侧边栏置于顶层，将侧边栏移回原位。

至此，已经完成了侧边栏的交互效果。单击左上角的按钮展开侧边栏，左滑后收起侧边栏。一般，侧边栏还可以通过手势右滑拉出，这个效果要怎么实现呢？请各位读者动动脑吧。

图 4-67　添加移动动作

4.3.4　案例 8：通知

前面的案例中讲过"弹出对话框"的实现方法。对话框是比较"打扰"用户的提示方式。后果严重的操作，需要用户的二次确认。这种情况适合弹出对话框。

对于一般性的通知，例如用户操作成功后系统的反馈消息，可以用弱一级的方式提示，如一条 2 秒后自己消失的通知。

下面介绍如何实现弹出通知面板的效果。

（1）添加 3 个矩形——背景、按钮、通知，如图 4-68 所示。将代表"通知"的矩形元件转化为动态面板，并将动态面板改名为"通知"。

（2）将"通知"面板设为隐藏。

（3）在按钮事件中添加动作"鼠标单击时"，如图 4-69 所示。添加了 3 个动作，分别为显示、等待、隐藏。"隐藏""显示"动作已经介绍过，这里不再赘述。"等待"动作的作用是让"等待"之前与"等待"之后的动作间隔一定时间再执行。本例中设置等待时间为 2000 毫秒。

至此已经实现了"通知"功能。最终效果是单击按钮时，弹出"通知"面板。等待 2 秒，用户看清通知上的文字后，"通知"面板自动消失。

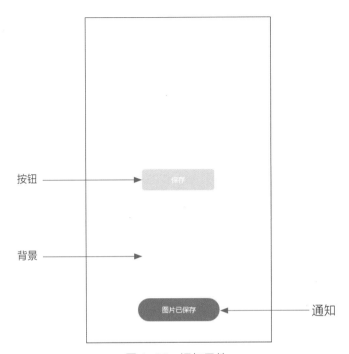

图 4-68　添加元件

图 4-69　添加"鼠标单击时"动作

4.3.5 案例 9：自动弹出键盘

输入密码、验证码页面通常形式比较简单。输入框、提示文字集中在页面顶部，页面空白比较大。在这种页面上，最好在进入页面时直接将焦点放在输入框中，自动弹出键盘准备输入。这样不但帮用户节省了一次单击，而且也有效利用了页面空间。

下面介绍如何实现这个效果。

（1）添加页面上的元件，如图 4-70 所示。将文本框命名为"输入昵称"。（图标和键盘图片可以从网上搜索，或直接从本书附带的模板中找）

（2）将键盘图片转换为动态面板，并命名为"键盘"。将"键盘"面板设为隐藏，如图 4-71 所示。

文本框（输入昵称）

按钮

键盘

图 4-70　添加键盘页面

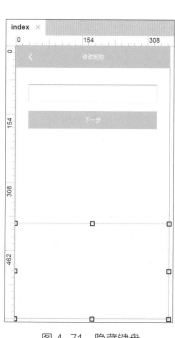

图 4-71　隐藏键盘

（3）单击画布空白处，在页面的触发事件中选择"页面载入时"，如图 4-72 所示。

（4）给"页面载入时"事件添加动作，如图 4-73 所示。

本例中添加了两个动作。

- 获取焦点：选择"输入昵称"作为要获取焦点的元件。获取焦点后，文本框中将出现光标。
- 显示：选择"键盘"作为要移动的元件。为了模拟键盘弹出的效果，增加了"向上滑动"动画。

至此已经完成了"自动弹出键盘"的效果。

图 4-72　页面载入时

图 4-73 获取焦点，显示键盘

4.4 复杂交互案例

下面是一些复杂的案例。通过这些案例的学习，可以掌握一些高级交互动画的设置技巧，也可以获取交互设计方面的经验。

4.4.1 案例 10：优化的注册流程

注册几乎是每个产品都有的功能。有多少人完成注册流程，产品就有多少用户。注册流程的体验关系重大，所以怎么优化都不过分。

本案例的最终效果，如图 4-74 所示。

学会这个案例，可以学会几招优化交互细节的方式。

1. 分解流程

相信大家都不愿意填写长长的表单，但一旦开始填写，就不愿意中途放弃了。主要是一看到要填写长长的表单，付出这么多时间成本，就望而却步了。但如果开始填写了，已付出了努力，中途放弃的话之前就白做了，因此宁愿继续下去。

所以，在设计注册流程时，应该让每一步都特别简单，但流程可以拉长。让用户一开始容易完成，一步一步引导用户走到最后。

a）填写密码   b）填写昵称   c）欢迎回来

图 4-74 注册流程

假设注册分为 5 个步骤：开始、账号、密码、昵称、完成，具体操作步骤如下。

（1）添加矩形，作为背景。添加动态面板并命名为"注册"，如图 4-75 所示。在动态面板中添加 5 个状态，分别命名为"开始、账号、密码、昵称、完成"。

图 4-75 添加动态面板和状态

（2）在"开始"状态中添加一个按钮，如图 4-76 所示。为了凸显按钮，可以给按钮添加阴影。

🔔 **提示:**

在编辑状态页面时,常常会碰到元件为白色的情况。状态页面的背景也是白色,编辑元件时很不方便。这时可以给状态页面添加页面背景颜色,以方便操作。例如图 4-76 中的蓝色就是状态页面的背景色。

(3)在账号状态中添加文字、水平线、箭头、矩形背景,组成手机号填写框,如图 4-77 所示。

图 4-76 "开始"状态

图 4-77 账号状态

(4)在密码和昵称状态中,用类似的元件摆出密码、昵称填写框,如图 4-78 所示。

图 4-78 密码和昵称状态

(5)在完成状态中添加文字,提示用户已经完成了注册流程,如图 4-79 所示。

(6)在各个状态的按钮上添加"热区"元件。在热区"鼠标单击时"上添加动作"设置面板状态"。以账号状态为例,如图 4-80 所示设置。

图 4-79 完成状态

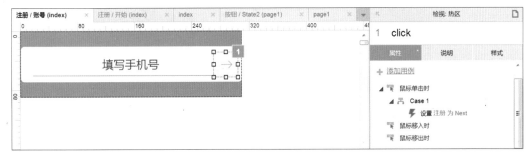

图 4-80 跳到下一步

（7）其他状态与此类似，不再详述。通过以上几步就实现了单击按钮，动态面板跳转到下一个状态，注册流程进入下一步。

2. 转场动画

上面已经实现了注册各步的页面，但还不是一个流畅的流程。各个步骤之间的转换比较生硬，缺少转场动画。下面介绍转场动画的实现方法。

（1）开始状态的信息量不多，所以按钮比较小。有的用户账号比较长，所以账号输入框需要大一些。从开始状态跳转到账号状态，页面上白色区域的变化比较突然。增加一个白色小按钮扩大成白色大框的动画会让跳转过程更自然，如图 4-81 所示。

a）开始状态　　　　　　　　　　　b）账号状态

图 4-81　页面跳转

（2）先在账号状态中为动画做好准备。将元件转换为动态面板，并调整到动画的起始状态，如图 4-82 所示。

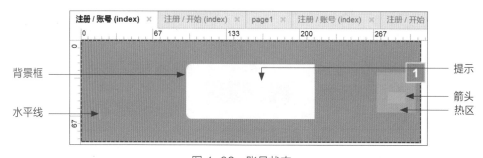

图 4-82　账号状态

① 将背景框转换为动态面板，命名为"背景框"，并缩小到与开始按钮同样的大小。动画会将背景框扩大到原尺寸。

② 将提示转换为动态面板，命名为"提示"，并设为隐藏。动画会将提示设为显示状态。

③ 与提示类似，将箭头转换为动态面板并隐藏。

④ 将水平线转换为动态面板，命名为"水平线"。将"水平线"缩小到 1 像素。动画会将水平线展开到原长度。

（3）在开始状态的开始按钮"鼠标单击时"上添加动作，如图 4-83 所示。

① 设置"注册"面板状态（上一步所添加）。

② 放大背景框用"设置尺寸"来实现。选择"背景框"为要调整尺寸的元件，然后将宽度设为动态面板的宽度，本例中为 309。高度保持不变。希望背景框沿中心线向两边扩大，所以锚点选择"中心"。添加动画"摇摆"，让变化更流畅。

🔔 提示：

Axure RP 8.0 之前不能设置锚点，只能默认以左上角为锚点。如想实现沿中心线向两边扩大的效果，需要两个动作来完成，首先把元件"移动"到左侧位置，然后再"设置尺寸"。

③ 放大背景框之后，"逐渐"显示"提示"面板。

④ 然后再逐渐显示水平线和箭头。这一步与前一步间隔 500 毫秒，让页面一步一步地变化，不显突兀。

⑤ 最后放大水平线。将水平线恢复为原大小。随着水平线的延展动画，引起用户注意，引导用户开始输入。

（4）按照类似的方法，在密码和昵称中创建动态面板。在切换状态动作后面添加类似的动作，给整个流程中的各个步骤都添加转场动画，如图 4-84 所示。

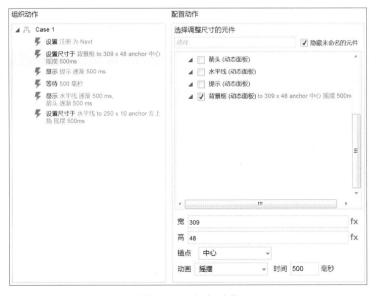

图 4-83　添加动作

图 4-84　密码、昵称的动态面板

3. 输入提示

如图 4-85 所示，左边用大字提示比较醒目，可以引起用户注意；右边用小字可以随时提示，给用户安全感，两者各具优势。如果用动画串起来，则两者可以兼得。例如，进入页面后开始输入前，先展示大字，停留 1 秒左右，待用户看清文字后，大字移向左上方同时变小，最终将停在输入框的左上角。此时，用户可以在水平线上方输入文字。

a）大字提示

b）小字提示

图 4-85　提示

下面介绍具体的实现方法。

（1）在"提示"面板中添加一个状态 State2，如图 4-86 所示。State1 中放"大字"，State2 中放"小字"。

（2）Axure RP 中只有"文本框"元件可以输入文字。所以，在账号状态中添加一个文本框元件，并命名为"输入框"。将"输入框"移到背景框内水平线上方，如图 4-87 所示。

- 将"输入框"设为隐藏。动画会将文本框显示出来，并设置焦点。
- 由于之前已经用矩形和平行线摆出了一个假的文本框，有了边框外形，所以这里将"输入框"设为"隐藏边框"。

图 4-86　添加状态

图 4-87 添加输入框

（3）紧接上文设置的转场动画，添加动作，如图 4-88 所示。

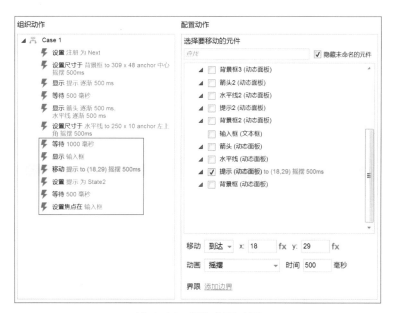

图 4-88 添加提示动画

① 等待 1000 毫秒，等用户看清大字提示。

② 显示输入框，准备让用户输入文字。

③ 移动提示到背景框的左上角。同时，立即将提示改为 State2，即改为小字。

④ 等待 500 毫秒，完成动画移动之后，将焦点设在输入框上。当输入框中光标闪烁时，用户即可以直接输入了。

（4）与此类似，在密码、昵称中也添加文本框元件，设置提示的两个状态，如图 4-89 所示。

■ 账号状态中的文本框可以选择 Phone Number 类型，让用户只能输入数字。

■ 密码状态中的文本框可以选择"密码"类型，让用户只能看到 ***。

■ 昵称状态中的文本框可以选择 Text 类型，不做限制。

a）手机号文本框

b）密码文本框

图 4-89　不同类型的文本框设置

这样就在整个流程中增加了输入提示动画。

4. 错误提示

在用户输入信息后还应及时给用户反馈和提示。如果用户输入错误，可以用红色提示，如图 4-90b 所示。同时也可以增加一些有趣的动画，不但可以引起用户的注意，还可以增加趣味性。例如，当用户输入错误时，输入框将左右"摇头"，当用户输入正确时，输入框将上下"点头"。

a）输入正确时

b）输入错误时

图 4-90　用户输入正确、错误时

下面介绍如何实现上述的效果。

（1）在"箭头"中添加两个状态，一个放蓝色的箭头，一个放红色的箭头。在水平线中添加两个状态，一个放蓝色的线，一个放红色的线。分别按颜色将状态命名为 blue 和 red，如图 4-91 所示。

（2）在"开始"按钮上添加"点头"动作，如图 4-92 所示。

① 在 500 毫秒内，让"注册"面板先下移 10 像素，再上移 10 像素。动画分别选择"缓慢进入"和"缓慢退出"。

② 与下一个动作之间间隔 500 毫秒，在"点头"动画完成之后再执行其他动作。

图 4-91 添加状态

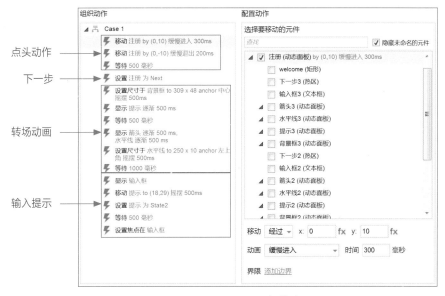

图 4-92 添加状态

（3）在账号状态中，给热区添加判断条件，如图 4-93 所示。

"输入框"中的文字长度等于 11，即手机号有 11 位的时候，输入正确，可以进入下一步。

图 4-93 判断手机号是否合法

小知识:

如果还想判断手机号里第一位数字是否是 1，该怎么做呢？有编程基础的读者，可以试着做一下。没学过编程的读者可以跳过这一步（案例后续步骤中不包含这个条件）。

在条件中选择"值"，然后单击 fx 按钮，如图 4-94 所示。

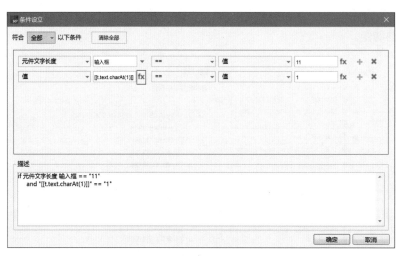

图 4-94　选择"值"然后单击 fx 按钮

在这个页面中添加局部变量 t，将输入框对象放在 t 中。t.text 表示 t 上的文字。.charAt(1) 是一个字符串函数，表示取字符中第一个字符。综上所述，t.text.charAt(1) 表示输入框上的第一个文字。Axure RP 要求用中括号"[[" "]]"括起来的才是变量或表达式。

如图 4-95 所示，判断 [[t.text.charAt(1)]] 是否等于 1，就相当于判断手机号中的第一位数字是否是 1。

图 4-95　添加局部变量 t

（4）与"开始"按钮类似，在账号状态的热区上添加"点头"动作，如图 4-96 所示。

"点头"动作 →

图 4-96　添加"点头"动作

（5）给账号状态的热区添加第二个用例，条件为"输入框"中的文字长度不等于 11。然后给用例添加动作，如图 4-97 所示。

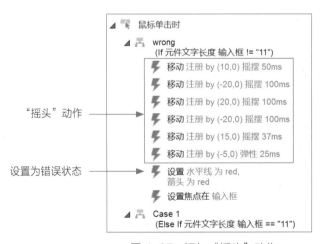

图 4-97　添加"摇头"动作

① 添加"摇头"动作。笨方法就是好方法。用"移动"动作控制动态面板左右移动多次。最后一次可以增加"弹性"动画，让"摇头"更自然。

② 把"水平线"和"箭头"设置为代表错误的状态 red。

③ 完成上述动作之后，焦点可能不在输入框上了。最后重新设置一下焦点即可。

（6）在输入框的"文本改变时"中添加用例。当用户修改文字时，将"水平线"和"箭头"设置为正常状态 blue，如图 4-98 所示。

（7）按照上述步骤，在密码状态中也进行类似的修改。可以将密码长度是否大于 6 作为密码是否合法的条件，如图 4-99 所示。

这样就在整个流程中增加了错误提示动画。

5. 进度条

好的产品不会让用户"迷路"。注册流程应该随时让用户知道进行到了哪一步，还有多少步要完成。下面介绍如何在注册流程中展示完成进度。

（1）在页面上添加一个矩形元件，颜色与背景不同，大小与背景一样。将矩形转换为动态面板，并命名为"进度"。调整"进度"面板的层级，高于背景矩形，低于"注册"面板，如图 4-100 所示。

图 4-98　当用户修改文字时

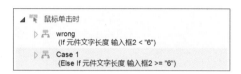

图 4-99　输入密码的用例条件

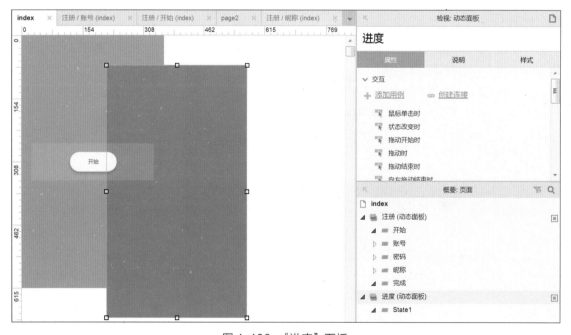

图 4-100　"进度"面板

（2）把"进度"面板移动到页面左上角，与背景矩形重合。然后将"进度"面板的宽度设为 1。后面将用交互动画，让用户每完成一个步骤都将"进度"宽度增加 1/3。用户完成 3 步之后，进度将加满，如图 4-101 所示。

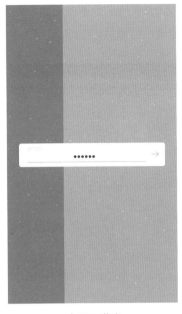

a）1/3 进度　　　　　　　　b）2/3 进度　　　　　　　　c）3/3 进度

图 4-101　进度动画效果

（3）在账号状态中热区元件的 Case1 用例中增加一个动作，如图 4-102 所示。

- 添加在切换"注册"面板状态之后，在进入下一步之后显示进度动画。
- 背景矩形的宽度为 360。完成手机号填写之后，进度前进 1/3，也就是将"进度"面板的宽度增加 120 像素。
- 锚点选择在左上角，让"进度"面板自左至右增加。

（4）在密码、昵称状态中也添加类似的动作。

- 完成密码填写，进度达到 2/3，"进度"面板宽度设为 240。
- 完成昵称填写，进度达到 3/3，"进度"面板宽度设为 360。

这样就完成了进度条动画。

图 4-102　设置增加进度

4.4.2　案例 11：锤子开机解锁

锤子系统的很多交互动画都值得学习，例如解锁的动画就相当讲究。滑开屏幕后，桌面上各个模块纷纷向垂直屏幕的方向弹性颤动，直至慢慢恢复平静，如图 4-103 所示。不但给人很强的视觉震撼，而且让用户看到模块是活动的，对"模块可以拖曳"的功能给了暗示。

　　　a）解锁后颤动动画　　　　　　　　　　　　　　　b）平静状态

图 4-103　解锁后的桌面动画

　　学会这个案例，可以增强表达复杂交互动画的能力。下面具体讲解实现方法。

　　1．滑动解锁

　　（1）用矩形、椭圆形、截图摆出手机外框，如图 4-104 所示。

　　（2）在手机框内摆好锁屏页面，再将其转换为动态面板，命名为"锁屏"。然后再把"锁屏"转换为动态面板，命名为"屏幕"，如图 4-105 所示。这一步相当于给锁屏页面包裹了两层动态面板外壳。第一层"锁屏"是为了方便整体拖曳，第二层是为了容纳"桌面"。

　　（3）在屏幕的 State1 中，添加 9 个动态面板摆成九宫格。在每个动态面板中设置一张图片做背景，并且不添加其他元件。然后将图片调整为"适应"模式，如图 4-106 所示。

图 4-104　手机外框

图 4-105　锁屏

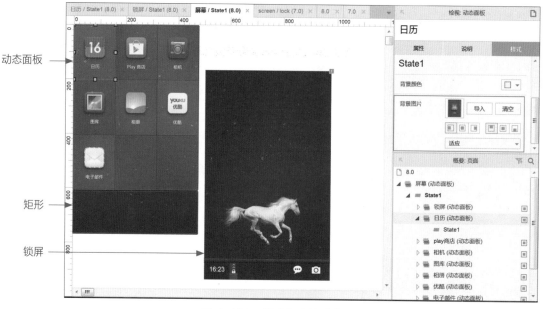

图 4-106　摆成九宫格动态面板

> **提示：**
>
> 　　为什么不直接复制、粘贴图片，而要设为动态面板的背景呢？因为 Axure RP 7.0 版本中只能设置动态面板的尺寸，不能直接设置图片的尺寸。所以，要想放大或缩小图片，只能通过这样"绕弯"的方式来实现。Axure RP 8.0 中已经可以直接设置图片尺寸，不需要这么麻烦了。

（4）把"锁屏"面板放在最上层，盖住九宫格。

（5）在"锁屏"面板"拖动时"上添加用例。让"锁屏"面板随着光标在垂直方向移动，如图 4-107 所示。

（6）在"锁屏"面板"拖动结束时"上添加用例，如图 4-108 所示。让"锁屏"面板在松手时自动上滑，770 是屏幕的高度。当"锁屏"面板滑到 -770 时，正好看不到"锁屏"面板，实现了"滑动解锁"的效果。

图 4-107　垂直拖动

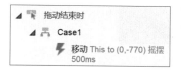

图 4-108　放大

（7）滑动解锁效果如图 4-109 所示。

2. 放大、缩小模块

模块弹性颤动的动画可以用 Axure RP 中的"设置尺寸"动作实现。先把各个模块放大或缩小，然后再把各个模块恢复为正常大小，恢复过程使用"弹性"动画即可。

a）锁屏　　　　　　　　　　b）上滑　　　　　　　　　　c）解锁

图 4-109　滑动解锁效果

下面按上述思路介绍实现方法。

（1）在"锁屏"面板"拖动结束时"用例中添加动作，如图 4-110 所示。

图 4-110　设置模块初始大小

- 设置各个模块的初始大小。九宫格中 9 个模块按从左到右、从上到下的顺序，间隔地设为一个大、一个小、一个大、一个小……例如，第 1 个模块"日历"设为普通状态的 1.3 倍大小。第 2 个模块"Play 商店"设为普通状态的 0.7 倍大小……设置时需要注意宽度、高度中只能输入数字或表达式。Axure RP 中的表达式必须用中括号"[["""]]"括起来。如果写成 159*1.3，不带中括号的话，Axure RP 会认为这是一串文字，不是数字。

- 根据模块的位置设置锚点。锚点位置与模块在九宫格中所处位置相反。例如，九宫格中左上角的模块锚点应该设在右下角。这样设置可以让所有模块都向"外"扩展，使整个页面更规整。

- 不设置动画。让模块直接变到动画的初始状态。

（2）设置各模块的弹性动画，如图 4-111 所示。

- 设置各模块恢复到原大小。

- 锚点跟上一步保持一致。只有锚点一样，尺寸变化之后，元件的位置才不会改变。

- 动画设为"弹性"，时间设为 2 秒或更短。从以往的经验看，2 秒是刚好让用户能看清楚，但不会感到厌烦的时间。

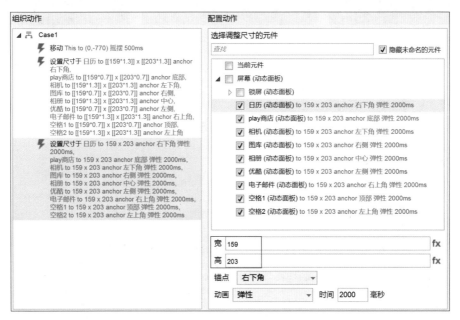

图 4-111　设置弹性动画

 提示：

　　如果你用的是 Axure RP 7.0 会发现上述方法行不通。Axure RP 7.0 中设置尺寸只能以左上角为锚点。要实现上述效果，只能先分别移动模块，再放大模块，如图 4-112 所示。并且 Axure RP 7.0 中无法同时移动、放大一个面板。所以，要给一个模块建两个模板，即一个移动模板，一个放大模板。本书附带的案例源文件中有 Axure RP 7.0 的案例，感兴趣的读者可以参考。

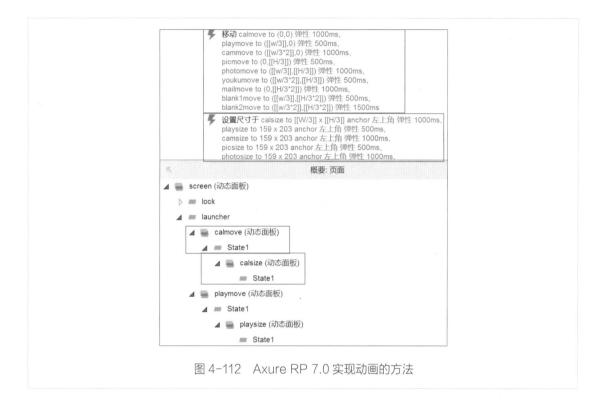

图 4-112　Axure RP 7.0 实现动画的方法

4.4.3　案例 12：企业网站

每个企业都有一个企业网站，或介绍产品，或介绍本企业信息。时至今日，搜索仍然是流量的最大入口。企业网站是搜索转化流程的最后一个节点。企业网站对 APP 下载量的直接影响可能不大，但对用户心中的产品形象、企业形象的树立可能起到至关重要的作用。

下面以第 2 章中的案例 2 为基础，继续介绍企业网站常见的交互设计方法。

1. 动态标题栏

企业网站顶部常常是一张精心准备的大图，如图 4-113 所示。网站的分类导航以图为背景。这样的布局很有冲击力，但有一个问题，如果页面比较长，页面往下滚动几次就看不到分类导航了。

图 4-113　顶部分类导航

解决这个问题的方法是在页面向下滚动一定距离后，让分类导航以标题栏的形式动态出现，并固定在屏幕顶部，如图 4-114 所示。

图 4-114　动态标题栏

下面介绍 Axure RP 实现动态标题栏的方法。

（1）在页面顶部，用矩形、文字等元件摆好标题栏。然后将这些元件转换为动态面板，并命名为"标题栏"，如图 4-115 所示。

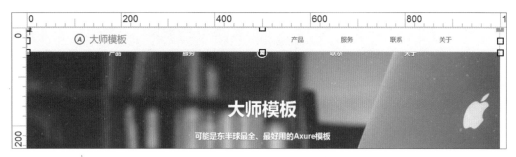

图 4-115　动态面板

（2）将标题栏设为隐藏。后面会通过动画来控制标题栏动态显示，如图 4-116 所示。

（3）选择"固定到浏览器"选项，让面板固定在页面顶部。

（4）将动态面板的背景设为白色，选择"100% 宽度"选项。让标题栏横向充满屏幕。

（5）在页面的"窗口滚动时"中添加两个用例，如图 4-117 所示。Case1 处理页面向下滚，出现标题栏的情况。Case2 处理页面向上滚，标题栏隐藏的情况。

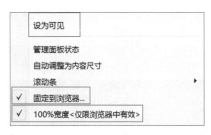

图 4-116　设置标题栏

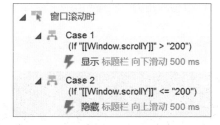

图 4-117　添加用例

（6）设置用例条件时，使用了一个系统变量 [[window.scrollY]]，如图 4-118 所示。它代表了当前窗口在垂直方向（y 轴方向）滚动了多少像素。200 是分类导航刚刚在页面上消失的位置。

滚动距离大于200时则出现标题栏，小于200时则标题栏隐藏。保证分类导航和标题栏不同时出现，让过渡更自然。

图 4-118　设置变量条件

（7）"显示"和"隐藏"面板已经使用过多遍，这里就不多解释了。注意，Case1 中使用向下滑动动画，Case2 使用向上滑动动画，如图 4-119 所示，让标题栏从上部出来，然后还回到上部去。

图 4-119　设置动作

2. 悬停

网站与 APP 有许多不同的操作。光标悬停就是网站中特有的操作之一。通常，光标停在某个按钮或图片上，就会显示相应的介绍信息。这是一个非常快捷的查看详情的交互。

下面介绍如何在 Axure RP 中实现光标悬停出现详情的效果。

（1）如图 4-120 所示，企业网站中"最新产品"模块上有 4 张图片。用户看图片只能了解个大概，需要看到更多介绍来了解详情。

图 4-120　产品介绍

（2）添加文字和矩形元件组成详情介绍模块，并将其转换为动态面板，命名为"查看详情"。再添加一个热区元件，如图 4-121 所示。

图 4-121　详细介绍

（3）将"查看详情"面板设为隐藏。

（4）把"查看详情"面板和热区移动到图片上，让三者位置重合。

（5）在热区的"鼠标移入时"事件中，双击用例 Case 1，在弹出的"配置动作"窗口中添加"显示"动作，如图 4-122 所示。光标移入图片区域（热区区域）后显示"查看详情"面板。"更多选项"设置为"弹出效果"（前文介绍过弹出效果，类似弹出菜单。光标离开"弹出"元件的区域后，元件自动隐藏）。"弹出效果"可以实现光标移走后"查看详情"立即消失的效果。

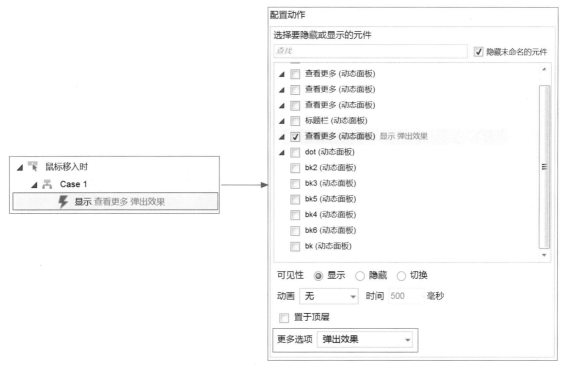

图 4-122　弹出效果

（6）复制"查看详情"面板和热区，粘贴到其他 3 个图片上。预览原型时光标移到哪张图片上，就显示哪张图片的详情，如图 4-123 所示。

图 4-123　预览

3. 定位

网页间的跳转需要读取时间。同一个页面内的跳转会更快捷。例如企业网站中，一般都可以通过单击目录或导航上的模块名称，跳转到页面上该模块的位置。较长的网页，通常会有"回到顶部"按钮，单击该按钮即可回到页面顶部。

下面介绍如何实现同页内定位的效果。本例中，单击中间的"了解更多"按钮，如图4-124所示，页面即跳转到"产品特点"模块。

图4-124 "了解更多"按钮

在2.12节中，添加了动态面板bk1作为轮播图的背景，动态面板bk2作为产品特点部分的背景。想让页面跳转到产品特点模块，就是让页面跳转到bk2的位置。

（1）在"了解更多"按钮上"鼠标单击时"中添加用例Case1，如图4-125所示。

图4-125 添加用例

（2）在case1中添加动作"滚动到元件"，如图4-126所示。这个动作的作用是把页面滚动到选择元件的位置。页面左上角与元件左上角对齐。

- 配置动作时选择元件 bk2。
- 滚动方式选择"仅垂直滚动"，让页面仅与 bk2 的 y 轴坐标对齐。
- "动画"选择"摇摆"。

图 4-126　添加"滚动到元件"动作

这样就实现了同页内定位的效果。

05

第 5 章

数据操作

在 Axure RP 中，可以很方便地设置常用的交互动画。有了交互动画，原型就可以"动"起来了，但原型里的数据并不会真正发生变化。本章将介绍如何通过设置变量、函数和中继器，来控制和修改原型中的数据。

5.1 变量

变量是 Axure RP 中存储数据的抽象概念。可以通过采用变量名称来引用变量，使用变量中存储的数据。Axure RP 中元件的位置、宽度等元件数据是变量，页面的名称、窗口大小等系统数据也是变量。用户还可以输入数据并定义变量。

5.1.1 使用变量

变量主要应用于动作和条件的设置中。在配置动作时，通常可以直接输入数值来修改参数、改变特定的变量。例如，配置"移动"动作时，可以直接输入数字，来改变元件的位置；配置"设置文本"动作时，可以直接输入文字，来改变元件上的文本。

但在有些时候，直接输入数值并不能满足需求。例如，希望把元件移动到另一个元件底部；或希望将"矩形"上的文字设为"输入框"里的文字。无论是获得元件底部的坐标值，还是获得"输入框"里的文字，都需要使用变量。

使用变量就需要用到 fx 按钮功能。

（1）在配置动作界面、设置条件界面等许多需要输入"值"的界面都可以看到 fx 按钮，如图 5-1 所示。

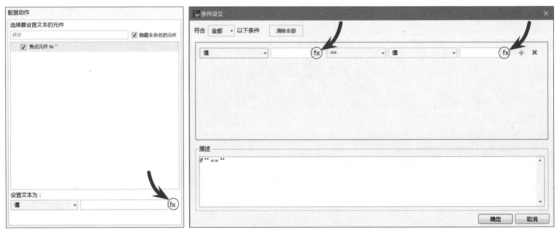

图 5-1 fx 按钮

（2）单击 fx 按钮，进入"编辑文本"对话框，如图 5-2 所示。

- 第 1 个输入框中可以插入变量或包含变量的表达式。
- 第 2 个输入框中可以添加局部变量，后文会有详细介绍。

> 🔔 提示：
> 变量名或包含变量名的表达式，必须写在括号"[[ ]]"内。括号外的表达式都会被当成普通文字。

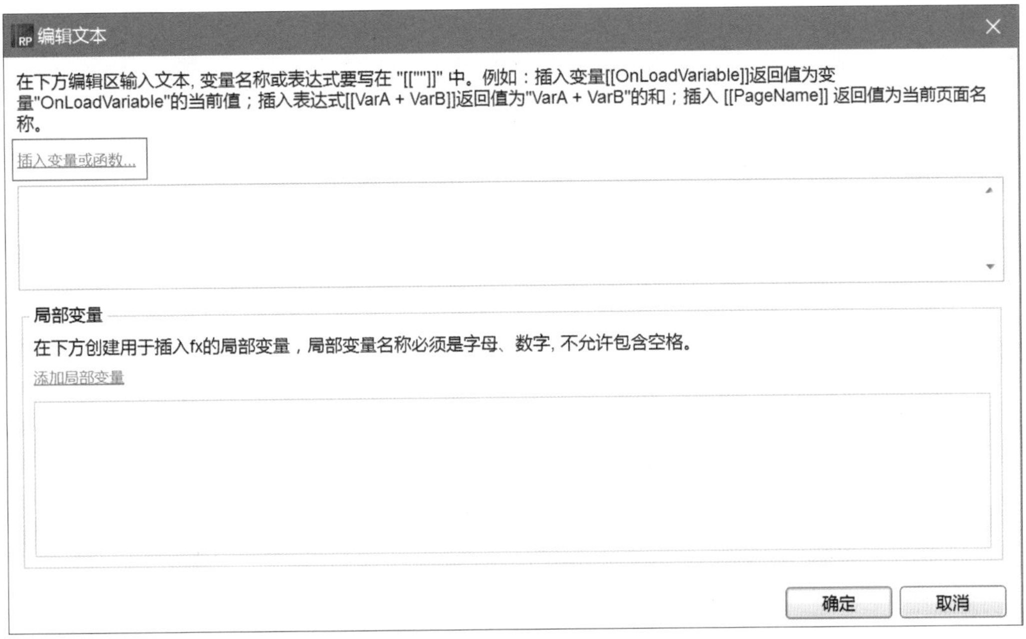

编辑文本
在下方编辑区输入文本, 变量名称或表达式要写在 "[[""]]" 中。例如：插入变量[[OnLoadVariable]]返回值为变量"OnLoadVariable"的当前值；插入表达式[[VarA + VarB]]返回值为"VarA + VarB"的和；插入 [[PageName]] 返回值为当前页面名称。
插入变量或函数...
局部变量
在下方创建用于插入fx的局部变量，局部变量名称必须是字母、数字, 不允许包含空格。
添加局部变量
确定
取消
图 5-2　“编辑文本”对话框

（3）单击“插入变量或函数”按钮，会弹出如图 5-3 所示的菜单。其中包含了 Axure RP 中所有种类的变量和函数，前 6 类是变量，后 5 类是函数。

下面具体介绍 Axure RP 中的每种变量和函数。

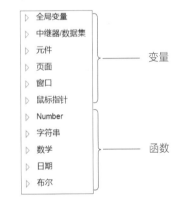

全局变量
中继器/数据集
元件
页面
窗口
鼠标指针
Number
字符串
数学
日期
布尔
变量
函数
图 5-3　所有的变量和函数

5.1.2　全局变量

通常，全局变量是用来临时存储数据的。使用全局变量前，需要先创建全局变量，创建后，即可将要存储的数据赋值给全局变量。

1. 案例说明

下面通过一个案例，来说明全局变量的用法。

在图 5-4 所示的原型中，用户先在搜索框中输入 xxx，单击“搜索”按钮后，下面的文字元件显示结果提示“找不到 xxx”。这个过程需要用全局变量来存储用户输入的文字。

实现思路是：将“搜索框”元件上的文字内容传给全局变量，再将全局变量的数据加工后传给“文字提示”元件。

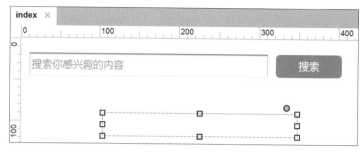

图 5-4　搜索

2. 设置全局变量的值

（1）在"搜索"按钮的"鼠标单击时"事件中添加动作——设置变量值，如图 5-5 所示。

图 5-5　设置全局变量

 提示：

图 5-5 中可以看到已经有一个变量 OnLoadVariable，这个变量是系统自动创建的。

（2）单击右上角的"添加全局变量"按钮，进入"全局变量"对话框。在其中添加一个变量 input，如图 5-6 所示。

- 单击绿色加号，可以添加新的变量。
- 单击红色叉号，可以删除变量。
- 单击蓝色箭头，可以调整顺序。

🔔 提示：

　　输入新变量名称时需要注意字数限制，而且只能输入英文字母或数字。如图 5-6a 所示，输入中文是不允许的。

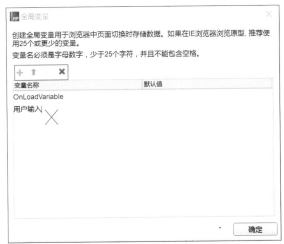
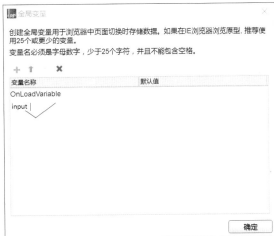

a）不能输入中文　　　　　　　　　　　　b）可以输入英文

图 5-6　添加全局变量

　　（3）单击"确定"按钮，进入"配置动作"窗口。在其中选中 input，设置 input 值为"搜索框"元件上的文字，如图 5-7 所示。

图 5-7　配置动作

3. 使用全局变量

（1）打开添加动作界面，添加动作——设置文本，如图 5-8 所示。设置"搜索结果"（文字元件）的"值"为"找不到 [[input]]"，其中，"找不到"是一段文字，"[[input]]"是变量。

图 5-8　设置文本

（2）预览原型，可以在浏览器中查看原型的效果。在输入框中输入"王者荣耀"，单击"搜索"按钮，会出现文字提示结果"找不到王者荣耀"，如图 5-9 所示。"王者荣耀"四个字通过全局变量，从输入框传给了文字提示元件。

图 5-9　原型预览

4. 全局变量的生命周期

全局变量这个名称翻译是不准确的，因为它并不存在于"全局"。全局变量只在当前页面有效，当跳转到其他页面或者页面刷新之后，全局变量就会清零。

只有一种情况例外，如图 5-10 所示。打开链接动作有一个特殊的配置选项——"重新加载当前页面＜变量修改有效＞"。选择这个选项刷新页面后，页面中的变量将保持当时的值不变。

图 5-10　"重新加载当前页面＜变量修改有效＞"选项

5.1.3　元件变量

元件变量分为两类：代表"某个元件"的变量、代表元件某个"属性"的变量。

1. 元件本身也是变量

元件本身也是一个变量。如图 5-11 所示，This 和 Target 就代表元件。This 代表当前元件，Target 代表目标元件。例如，用例是单击 A 移动 B，那么 A 就是当前元件，B 就是目标元件。

图 5-11　元件

举个具体的例子：

（1）在原型中添加 4 个矩形，分别命名为 1、2、3、4，如图 5-12 所示。

图 5-12　4 个矩形

Axure RP 原型设计基础与案例实战

（2）在矩形1"鼠标单击时"事件中添加动作"设置文本"。将4个矩形元件的文字"值"依次设为[[This.name]]和[[target.name]]。

■ 其中，".name"代表元件的名称。

■ 由于是在矩形1中添加的动作，所以This永远代表矩形1。

■ 给矩形2添加动作时，target代表矩形2；给矩形4添加动作时，target代表矩形4，如图5-13所示。

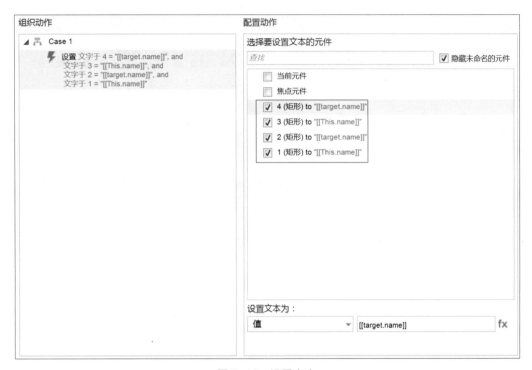

图 5-13　设置文本

（3）预览原型。单击矩形1，执行结果如图5-14所示。

■ 矩形1被设为[[This.name]]，This代表矩形1，所以矩形1上的文字是矩形1的名称1。

■ 矩形2被设为[[target.name]]，target代表矩形2，所以矩形2上的文字是矩形2的名称2。

■ 矩形3被设为[[This.name]]，This代表矩形1，所以矩形3上的文字是矩形1的名称1。

■ 矩形4被设为[[target.name]]，target代表矩形4，所以矩形4上的文字是矩形4的名称4。

2. 元件属性变量

在元件变量中，除了This和Target，其他变量都是代表元件

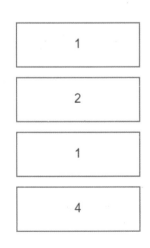

图 5-14　预览的原型

属性的变量。下面列出 Axure RP 中所有元件属性变量的含义。

- x：元件的横坐标。
- y：元件的纵坐标。
- width：元件的宽度。
- height：元件的高度。
- scrollX：元件横向滚动距离。
- scrollY：元件纵向滚动距离。
- text：元件上的文字。
- name：元件的名称。
- top：元件所占位置的最顶点的 y 值。
- left：元件所占位置的最左点的 x 值。
- right：元件所占位置的最右点的 x 值。
- bottom：元件所占位置的最底点的 y 值。
- opacity：元件的不透明度。
- rotation：元件的旋转角度。

🔔 提示：

使用元件属性变量时，输入框中默认插入 [[This. 属性名]]，例如 [[This.x]]。这是因为属性必须属于某个元件才有意义。属性和元件之间以点"."连接。

下面看一个案例，来深入了解元件中各个属性的含义。

（1）随意画一个元件，如图 5-15 所示，将元件命名为"形状"。

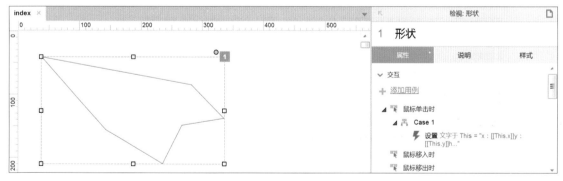

图 5-15　添加元件

（2）在元件"鼠标单击时"事件中添加动作"设置文本"。选择设置"当前元件"的文本，如图 5-16 所示。

（3）文本的值如图 5-17 所示的设置。手动输入属性名称、冒号，然后插入元件属性变量。

例如，x：[[This.x]]。

> 提示：
> 属性变量需要写在括号 [[]] 之内，括号外的文本会被当作普通文本来显示。

图 5-16　设置文本

图 5-17　插入变量

（4）单击"确定"按钮后预览原型。单击图形时，可以看到元件的属性显示了出来，如图 5-18 所示。

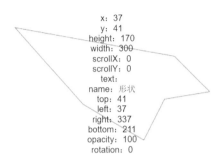

图 5-18　预览原型

元件的属性通常用来精确地控制交互动画，或者设置复杂的用例条件。后文有很多实际案例会用到元件的属性。

5.1.4　局部变量

5.1.2 节介绍了如何使用"当前元件"或"目标元件"的属性。本节来介绍如何使用"任意元件"的属性。

1. 举例说明局部变量作用

下面举一个"拖动轴"的例子。球可以随光标拖动而移动，但不超出轴的范围，如图 5-19 所示。所以在拖曳球的过程中需要获取"轴"元件的位置及大小属性，超出范围则停止拖动。

图 5-19　案例预览

具体实现步骤如下。

（1）添加一个圆角矩形，命名为"轴"。添加一个椭圆形，转换为动态面板，并命名为"球"，如图 5-20 所示。

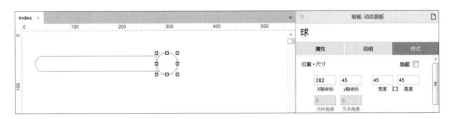

图 5-20　转换为动态面板

（2）在球"拖动时"事件中添加动作"移动"。配置拖曳球为"水平拖动"，单击"添加边界"链接，如图 5-21 所示。

（3）"添加边界"的参数选择"右侧"和"<="选项，如图 5-22 所示。

图 5-21　设置球为水平拖动

（4）单击 fx 按钮，进入"编辑值"对话框，如图 5-23 所示。由于元件"轴"不是 This，也不是 target，想获取它的属性，只能通过添加局部变量的方式来获取。

（5）单击"添加局部变量"链接，如图 5-23 中红色标注框所示。变量名称设为 z，并设置 z 等于元件"轴"。

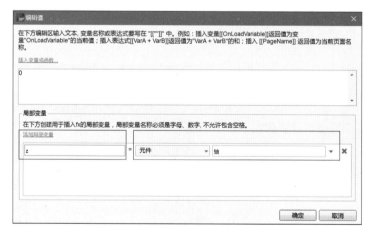

图 5-22　选择添加边界参数　　　　图 5-23　添加局部变量

（6）添加了局部变量之后，就可以使用局部变量了。在"编辑值"对话框上方填写 [[z.right]]，代表元件"轴"的最右侧坐标，如图 5-24 所示。

图 5-24　使用局部变量

（7）这样，就实现了让"球"的边界小于等于"轴"的右侧边界。

（8）重复上述步骤，再添加一个边界，边界参数设置为"左侧大于等于[[z.left]]"，如图 5-25 所示。

此时预览原型可以看到，拖曳"球"时，不会超过"轴"的左、右边界了。

2．局部变量的有效范围

局部变量的有效范围很小，只在一个 fx 编辑界面内有效。上文案例中在添加第二个边界条件时，还需再次添加局部变量 z，设置 z 等于"轴"才可以，如图 5-26 所示。

图 5-25　添加边界　　　　　图 5-26　局部变量只在 fx 编辑界面内有效

5.1.5　页面、窗口和鼠标指针变量

Axure RP 中可以通过变量来获取原型页面、浏览器窗口和鼠标指针的相关信息。

1. 变量介绍

- PageName：页面名称，可以在站点地图中设置。
- Window.width：预览时，当前浏览器窗口的宽度。
- Window.height：预览时，当前浏览器窗口的高度。
- Window.scrollX：窗口纵向滚动距离。
- Window.scrollY：窗口横向滚动距离。
- Cursor.x：当前鼠标的 x 坐标。
- Cursor.y：当前鼠标的 y 坐标。
- DragX：当前瞬间拖曳的横向距离。
- DragY：当前瞬间拖曳的纵向距离。
- TotalDragX：元件本次总共被拖曳的横向总距离。
- TotalDragY：元件本次总共被拖曳的纵向总距离。
- DragTime：元件本次拖曳总时间。

2. 举例讲解

下面讲解一个案例，将各变量显示出来，以加深读者的理解。

（1）添加一个矩形，命名为"矩形"，然后将矩形转换为动态面板。

（2）在矩形"鼠标单击时"事件中添加动作"设置文本"。设置矩形的文本为"值"，如图 5-27 所示，显示 PageName、Window.width、Window.height 这 3 个变量。

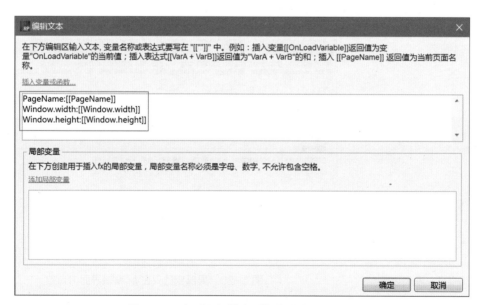

图 5-27　在"鼠标单击时"事件中设置文本

（3）为矩形"拖动时"事件添加两个动作"移动""设置文本"。配置当前元件随鼠标拖动而移动。设置矩形的文本为"值"，如图 5-28 所示，显示 Cursor.x、Cursor.y、DragX、

DragY、TotalDragX、TotalDragY 和 DragTime 共 7 个变量。

图 5-28　在"拖动时"事件中设置文本

（4）为整个页面"窗口滚动时"添加动作"设置文本"。设置矩形的文本为"值"，如图 5-29 所示，显示 Window.scrollX 和 Window.scrollY 两个变量。

图 5-29　在"窗口滚动时"事件中设置文本

预览原型，拖曳矩形时可以看到鼠标指针的变量，单击矩形时可以看到页面的变量，滚动窗口时可以看到窗口的变量。

5.2 函数

Axure RP 中有 5 类函数。但一般情况下，只要用好"加、减、乘、除"函数就能解决 95%的问题了。对于没有学过编程的读者可以略过这一节，以后需要用时再查询。

5.2.1 数字函数

- toFixed：控制变量的小数点位数。在 [[LVAR.toFixed(decimalPoints)]] 中，LVAR 代表变量，decimalPoints 代表小数点位数；
- toExponential：将变量值转换为指数计数法表示。在 [[LVAR.toExponential (decimalPoints)]] 中，LVAR 代表变量，decimalPoints 代表保留位数；
- toPrecision：控制变量的精确位数。在 [[LVAR.toPrecision(length)]] 中，LVAR 代表变量，length 代表精确位数。

5.2.2 字符串函数

- length：返回变量的字符长度。在 [[LVAR.length]] 中，LVAR 代表变量。
- charAt：返回指定位置的字符。在 [[LVAR.charAt(index)]] 中，LVAR 代表变量，index 代表位置。
- charCodeAt：返回指定位置的字符 Unicode 编码。在 [[LVAR.charCodeAt(index)]] 中，LVAR 代表变量，index 代表位置。
- Concat：在变量后接上指定字符串。在 [[LVAR.concat('string')]] 中，LVAR 代表变量，'string' 是指定字符串。
- indexOf：搜索指定字符在变量中的位置。在 [[LVAR.indexOf('searchValue')]] 中，LVAR 代表变量，'searchValue' 是指要搜索的字符串。
- lastIndexOf：从后向前搜索指定字符在变量中的位置。在 [[LVAR.lastIndexOf('searchvalue')]] 中，LVAR 代表变量，'searchvalue' 是指要搜索的字符串。
- Slice：按指定位置截断变量字符串。在 [[LVAR.slice(start,end)]] 中，LVAR 代表变量，start 是开始截断位置，end 是结束截断位置。
- Split：按指定的分隔符号把变量字符串分割为几段。在 [[LVAR.split('separator',limit)]] 中，LVAR 代表变量，'separator' 是指定的分隔符号，limit 限制了分割后留下前几段字符串。例如 a=1.2.3.4.5，[[a.split('.',2)]] 为 1 和 2。
- Substr：从指定位置开始，截取变量字符串中指定长度的字符。在 [[LVAR.substr(start,length)]] 中，LVAR 代表变量，start 是开始位置，length 是指定长度。
- Substring：截取变量中两个指定位置间的字符。在 [[LVAR.substring(from,to)]] 中，LVAR 代表变量，from 和 to 分别是指定的起止位置。

- toLowerCase：把变量中的字符转换为小写。在 [[LVAR.toLowerCase()]] 中，LVAR 代表变量。
- toUpperCase：把变量的中字符转换为大写。在 [[LVAR.toUpperCase()]] 中，LVAR 代表变量。
- toString：把变量转换为字符格式。在 [[LVAR.toString()]] 中，LVAR 代表变量。
- trim：去除字符串两端空格。在 [[LVAR.trim()]] 中，LVAR 代表变量。

5.2.3　数学函数

Axure RP 中提供了一些数学函数，可以进行常见的数值计算。另外，在做交互动画时，可以用来计算动画轨迹。

- %：取余，如 [[5%2]]=1。
- abs(*x*)：[[Math.abs(x)]]，取 *x* 的绝对值。
- asin(*x*)：[[Math.asin(x)]]，取 *x* 的反、正弦值。
- acos(*x*)：[[Math.acos(x)]]，取 *x* 的反余弦值。
- atan(*x*)：[[Math.atan(x)]]，取 *x* 的反正切值。
- atan2(*y*,*x*)：[[Math.atan(x)]]，返回原点至点 (*x*,*y*) 的方位角（弧度）。
- sin(*x*)：[[Math.sin(x)]]，取 *x* 的正弦值。
- cos(*x*)：[[Math.cos(x)]]，取 *x* 的余弦值。
- tan(*x*)：[[Math.tan(x)]]，取 *x* 的正切值。
- pow(*x*,*y*)：[[Math.pow(x)]]，返回 *x* 的 *y* 次幂。
- exp(*x*)：[[Math.exp(x)]]，返回 e 的 *x* 次方。
- log(*x*)：[[Math.log(x)]]，返回 *x* 的自然对数。
- sqrt(*x*)：[[Math.sqrt(x)]]，取 *x* 的平方根。
- ceil(*x*)：[[Math.ceil(x)]]，对 *x* 向上取整。
- floor(*x*)：[[Math.floor(x)]]，对 *x* 向下取整。
- max(*x*,*y*)：[[Math.max(x)]]，返回 *x* 和 *y* 中的最高值。
- min(*x*,*y*)：[[Math.min(x)]]，返回 *x* 和 *y* 中的最低值。
- random()：[[Math.random(x)]]，返回一个大于 0 小于 1 的随机数。

5.2.4　日期函数

Axure RP 提供了一些日期函数，用于日期的查询、计算和格式转换。制作选择日期、时间的原型时会用到这些函数。

- now：[[Now]]，返回当前日期和时间。
- genDate：[[GenDate]]，返回原型生成的日期和时间。
- getFullYear：[[Now.getFullYear()]]，返回当前年份 yyyy。

- getMonth：[[Now.getMonth()]]，返回当前是第几月。
- getMonthName：[[Now.getMonthName()]]，返回当前月份名称。
- getDate：[[Now.getDate()]]，返回当前日期的"日"。
- getDay：[[Now.getDay()]]，返回当前是一周中的第几天。
- getDayOfWeek：[[Now.getDayOfWeek()]]，返回当前是星期几。
- getHours：[[Now.getHours()]]，返回当前时间的"时"。
- getMinutes：[[Now.getMinutes()]]，返回当前时间的"分"。
- getSeconds：[[Now.getSeconds()]]，返回当前时间的"秒"。
- getMilliseconds：[[Now.getMilliseconds()]]，返回当前时间的"毫秒"。
- getTime：[[Now.getTime()]]，返回 1970 年 1 月 1 日至今的毫秒数。
- getTimezaneOffset：[[Now.getTimezoneOffset()]]，返回当地时间与格林威治标准时间 (GMT) 的分钟差。
- getUTCFullYear：[[Now.getUTCFullYear()]]，返回当前全球标准日期的"年"。
- getUTCMonth：[[Now.getUTCMonth()]]，返回当前全球标准日期的"月"。
- getUTCDate：[[Now.getUTCDate()]]，返回当前全球标准日期的"日"。
- getUTCDay：[[Now.getUTCDay()]]，返回当前全球标准日期是星期几。
- getUTCHours：[[Now.getUTCHours()]]，返回当前全球标准时间的"时"。
- getUTCMinutes：[[Now.getUTCMinutes()]]，返回当前全球标准时间的"分"。
- getUTCSeconds：[[Now.getUTCSeconds()]]，返回当前全球标准时间的"秒"。
- getUTCMilliseconds：[[Now.getUTCMilliseconds()]]，返回当前全球标准时间的"毫秒"。
- parse：返回 1970 年 1 月 1 日午夜到指定日期的毫秒数，在 [[Date.parse(datestring)]] 中，datestring 为指定日期，格式为 yyyy/mm/dd。
- toDateString：[[Now.toDateString()]] 中，把当前日期转换为字符串格式。
- toISOString：[[Now.toISOString()]] 中，把当前日期转换为 ISO 格式的字符串。
- toJSON：[[Now.toJSON()]] 中，把当前日期进行 JSON 序列化。
- toLocaleDateString：[[Now.toLocaleDateString()]] 中，把当前日期转换为本地时间格式的字符串。
- toLocaleTimeString：[[Now.toLocaleTimeString()]] 中，把当前时间转换为本地时间格式的字符串。
- toLocaleString：[[Now.toLocaleString()]] 中，把当前日期和时间转换为本地时间格式的字符串。
- toTimeString：[[Now.toTimeString()]] 中，把当前时间转换为字符串。
- toUTCString：[[Now.toUTCString()]] 中，把当前全球标准时间转换为字符串。
- UTC：[[Date.UTC(year,month,day,hour,min,sec,millisec)]]，根据世界时间返回 1970 年 1 月 1 日到指定日期的毫秒数。

- valueOf：[[Now.valueOf()]]，返回当前日期的原始值（类似 getTime）。
- addYears(years)：[[Now.addYears(years)]]，在当前日期上增加指定年数。
- addMonths(months)：[[Now.addYears(months)]]，在当前日期上增加指定月数。
- addDays(days)：[[Now.addYears(days)]]，在当前日期上增加指定天数。
- addHours(hours)：[[Now.addYears(hours)]]，在当前日期上增加指定小时数。
- addMinutes(minutes)：[[Now.addYears(minutes)]]，在当前日期上增加指定分钟数。
- addseconds(seconds)：[[Now.addYears(seconds)]]，在当前日期上增加指定秒数。
- addMilliseconds(ms)：[[Now.addYears(ms)]]，在当前日期上增加指定毫秒数。

5.2.5　布尔函数

布尔是一种数据类型。布尔值包括两个，即 true 和 false。若一个表达式为真，则这个表达式返回布尔值 true；若一个表达式为假，则这个表达式返回布尔值 false。

- ==：例 [[a==b]]，a 等于 b 则表达式为 true。
- !=：例 [[a!=b]]，a 不等于 b 则表达式为 true。
- <：例 [[a<b]]，a 小于 b 则表达式为 true。
- <=：例 [[a<=b]]，a 小于等于 b 则表达式为 true。
- >：例 [[a>b]]，a 大于 b 则表达式为 true。
- >=：例 [[a>=b]]，a 大于等于 b 则表达式为 true。
- &&：例 [[a&&b]]，a 和 b 都为 true，则表达式才为 true。
- ||：例 [[a||b]]，a 和 b 中只要有一个为 true，则表达式就为 true。

5.3　中继器 Repeater

5.3.1　复制

中继器的英文叫做 Repeater。中继器的作用就是"复制"。其实翻译为"中继器"，不如翻译为"复制器"简单明了。

把中继器拖曳到画布上，可以看到默认有三个矩形，分别写着1、2、3，如图5-30所示。在右侧，中继器的属性栏中有一个表格，一共 3 行，分别写着 1、2、3。这不是巧合。属性栏中的表格是中继器的"数据集"。数据集有多少行，中继器就会复制几次。

图 5-30　中继器的数据集

　　双击中继器，进入中继器的页面。中继器会复制这个页面中的所有元件。例如在图 5-31 中，中继器里只有一个矩形，所以中继器复制了 3 次这个矩形。

　　中继器每次复制的复制品可以称为一个复制项。

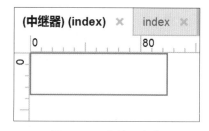

图 5-31　中继器内容

5.3.2　数据集

　　数据集在中继器的属性栏中。

- 双击"列名称"可以直接修改列名称。列名称只能使用英文。
- 双击"添加列"、"添加行"按钮，可以添加新的行或列。
- 双击列表中的数据可以直接修改数据。
- 数据集顶部的按钮可以添加、删除、移动任意一行或一列。

　　按如图 5-32 所示添加数据并修改名称。第一列 id 中有 5 个值 1、2、3、4、5。第二列 content 中有 5 个值 a、b、c、d、e。

　　数据集中可以填写数字或文字，也可以添加图片和页面。在数据集表格上右击，在弹出的快捷菜单中选择"引用页面"命令（如图 5-33 所示），即可在数据集中保存页面的链接；在弹出的快捷菜单中选择"导入图片"命令，即可在数据集中导入图片。

　　可以用中继器实现不同复制项以加载不同图片，或者单击不同复制项打开不同页面的效果。

图 5-32 数据集

图 5-33 添加页面与图片

5.3.3 样式

中继器的背景色、边框、圆角（背景的圆角）、填充等样式的设置与其他元件类似。中继器
独有的样式选项有布局、背景、分页和间距等，如图 5-34 所示。

图 5-34 中继器样式

- 布局：复制项的布局排列方式。默认选择垂直布局，如图 5-35a 所示。还可以选择水平
  布局。网格排布功能可以控制每行或每列的数量，多余项目另起一行或另起一列。例如，
  如图 5-35b 所示就是水平布局、网格排布、每行项目数为 3。第 4 个和第 5 个复制项另
  起一行显示。

- 背景：中继器可以为每一个复制项设置背景，甚至可以选择交替切换背景色。每个项目的"背景"设置会覆盖整个中继器的"背景色"设置。
- 分页：设置了分多页显示后，中继器会将复制项分页，只显示其中一页。样式栏中可以设置每页项目数和起始展示哪一页，如图 5-36 所示，每页 3 项，所以前 3 项为 1 页，后 2 项为 1 页。起始展示第 1 页，所以就看不到后 2 项了。Axure RP 有一个交互动作"中继器 – 设置当前显示页面"可以调整中继器显示的页数。原型中可以添加一些分页按钮，再添加交互动作进行切换。

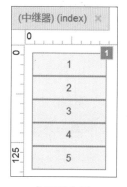
a）垂直布局

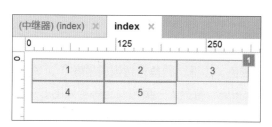
b）水平网格排布

图 5-35　布局样式

图 5-36　分页样式

- 间距：设置每行每列之间的间距。它与"填充"样式有所区别。"填充"样式给中继器整体设置间距，而"间距"样式给每个复制项设置间距。

5.3.4　触发事件

中继器有以下 3 个触发事件。

- 载入时：预览原型时，中继器刚刚加载出来时触发这个事件，与其他元件类似。
- 每项加载时：每次复制时都会触发这个事件。
- 项目调整尺寸时：当复制项尺寸改变时会触发这个事件。

"每项加载时"事件中有一个默认的用例。设置矩形上的文字为 [[item.Column0]]，如图 5-37 所示。其中，Column0 是数据集中第 1 列的名称。在前几节中改过列名称后，这里已经变成 [[Item.id]] 了。

"每项加载时"事件发生时，当前是第几个复制项，[[Item.id]] 就代表数据集中 id 列的第几行数据。例如，案例中第 1 个矩形上的文字是 id 列的第 1 个数据 1。第 2 个矩形上的文字是 id 列的第 2 个数据 2，依次类推。

图 5-37　每项加载时

通常在"每项加载时"事件中做初始化工作。例如，用中继器实现图文列表时，可以在中继器中添加文字、图片元件，设好样式，在"每项加载时"设置每行的具体文字和图片。

5.3.5　中继器变量

打开"每项加载时"动作设置界面，然后再打开"设置文本"动作的 fx 编辑界面，单击"插入变量或函数"链接，可以看到中继器的变量，如图 5-38 所示。

- Item：代表当前复制项，很少直接使用。
- Item.id\Item.content：代表数据集中某列某行的值，前面介绍过。
- index：单击后插入 [[Item.index]]。代表当前是第几个复制项，对应了数据集的第几行。
- isFirst：单击后插入 [[Item.isFirst]]。如果当前是第 1 个复制项，这个变量为 true，否则为 false。
- isLast：单击后插入 [[Item.isLast]]。如果当前是最后一个复制项，这个变量为 true，否则为 false。
- isEven：单击后插入 [[Item.isEven]]。如果当前是第 2、4、6 等第偶数个复制项，这个变量为 true，否则为 false。
- isOdd：单击后插入 [[Item.isOdd]]。如果当前是第 1、3、5 等第奇数个复制项，这个变量为 true，否则为 false。
- isMarked：单击后插入 [[Item.isMarked]]。如果当前元件被交互动作"标记行"标记过，则这个变量为 true，否则为 false。
- isVisible：单击后插入 [[Item.isVisible]]。如果当前元件可见，则这个变量为 true，否则为 false。

图 5-38　中继器的变量

> 🔔 提示：
>
> 以上几个 is 开头的变量，通常用于条件判断中。

- repeater：单击后插入 [[Item.repeater]]。代表中继器元件，很少直接使用。
- visibleItemCount：单击后插入 [[Item.repeater.visibleItemCount]]。等于中继器中可见项目数。
- itemCount：单击后插入 [[Item.repeater.itemCount]]。等于中继器中正在显示的项目数（有些项目会被交互动作"添加筛选"过滤掉）。
- dataCount：单击后插入 [[Item.repeater.dataCount]]。等于中继器中的所有项目数。
- pageCount：单击后插入 [[Item.repeater.pageCount]]。等于中继器中的总页数。
- pageIndex：单击后插入 [[Item.repeater.pageIndex]]。等于中继器中的当前页数。

5.3.6　交互动作

打开任意动作编辑界面，可以看到中继器独有的交互动作，如图 5-39 所示。

1. 排序

排序将会对整个中继器产生影响，按数据集中的某列，对所有复制项进行升序或降序排列。下面给中继器添加一个排序，试试效果。

（1）在中继器上方添加两个按钮，分别命名为"正序""倒序"，如图 5-40 所示。

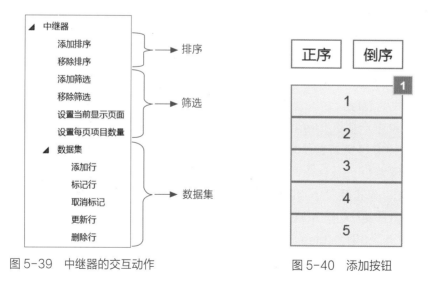

图 5-39　中继器的交互动作　　　图 5-40　添加按钮

（2）在"正序"按钮"鼠标单击时"事件中添加动作"中继器 - 添加排序"。排序"名称"设为"正序"。排序"属性"按 id 升序排序。由于 id 都是数字，所以排序类型选择 Number，如图 5-41 所示。

图 5-41　添加排序 – 正序

（3）同样，在"倒序"按钮"鼠标单击时"事件中添加动作"中继器 – 添加排序"。排序属性按 id 降序排序，如图 5-42 所示。

图 5-42　添加排序 – 倒序

（4）预览原型。单击"正序"按钮，中继器按升序排列；单击"倒序"按钮，中继器按降序排列，如图 5-43 所示。

2. 筛选

中继器允许对数据集中某列或某几列设置条件，符合条件的复制项显示，不符合条件的复制项隐藏。

下面举一个例子，实现按奇数偶数筛选功能。

（1）添加两个按钮，分别命名为"奇数""偶数"，如图 5-44 所示。

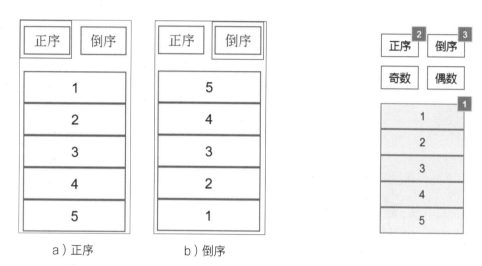

图 5-43　预览原型

图 5-44　添加两个按钮

（2）在"奇数"按钮"鼠标单击时"事件中添加动作"中继器 – 添加筛选"。勾选"移除其他筛选"选项，同时保证只有一个筛选生效，将筛选命名为"奇数"，"条件为 [[item.id%2==1]]"，除 2 余 1 的是奇数，如图 5-45 所示。

> **提示：**
> 筛选条件需要符合要求的格式。一般条件的形式都是判断数据集中某列的各项数据是否等于、大于、小于某个值。
> 如果有多个条件，需要用 || 或 && 连接。例如，
> [[(item.content=='a')||(item.content=='b')]] 表示 item.content 等于 a 或者 b。
> [[(item.id!='1')&&(item.content!='b')]] 表示 item.id 不等于 1，并且 item.content 不等于 b。

（3）同样，在"偶数"按钮"鼠标单击时"事件中添加动作"中继器 – 添加筛选"，筛选命名为"偶数"，条件为 [[item.id%2==0]]，除以 2 后余 0 的是偶数，如图 5-46 所示。

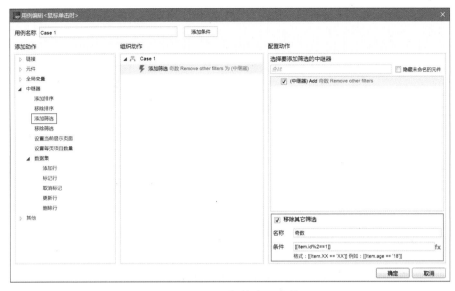

图 5-45 添加筛选 - 奇数

图 5-46 添加筛选 - 偶数

（4）预览原型。单击"奇数"按钮，只显示 1、3、5；单击"偶数"按钮，只显示 2、4，如图 5-47 所示。

除了按条件筛选，中继器还可以分页筛选显示。

（1）在属性栏设置分页。勾选"多页显示"复选框，设置"每页项目数"为 2，如图 5-48 所示。

（2）添加两个按钮，分别为"上一页""下一页"按钮，如图 5-49 所示。

（3）在"上一页"按钮"鼠标单击时"事件中添加动作"设置当前显示页面"。"选择页面为"Previous，如图 5-50 所示。这样每次单击"上一页"按钮，中继器都会向上翻一页。

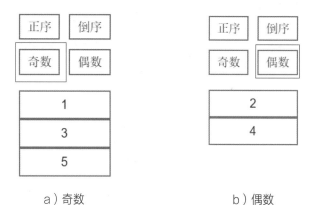

a）奇数   b）偶数

图 5-47　预览原型

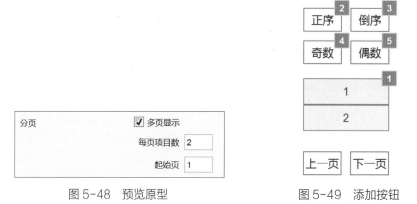

图 5-48　预览原型   图 5-49　添加按钮

图 5-50　设置当前显示页面 - 上一页

（4）在"下一页"按钮"鼠标单击时"事件中添加动作"设置当前显示页面"。"选择页面为"next，如图 5-51 所示。这样每次单击"下一页"按钮，中继器都会向下翻一页。

图 5-51 设置当前显示页面 - 下一页

（5）预览原型。单击"上一页""下一页"按钮，页面会按顺序切换，如图 5-52 所示。

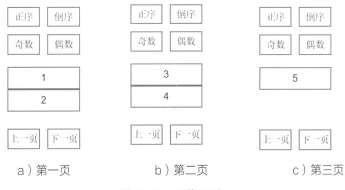

a）第一页　　　b）第二页　　　c）第三页

图 5-52 预览原型

3. 数据集

Axure RP 可以通过交互动作在数据集中添加、修改、删除数据。下面继续上文的案例，学习添加、删除数据的方法。

（1）添加两个按钮，分别命名为"添加""删除"按钮，如图 5-53 所示。

（2）在"添加"按钮"鼠标单击时"事件中添加动作"添加行"。勾选"中继器"复选框，为中继器添加行，如图 5-54 所示。

图 5-53 添加两个按钮

图 5-54　添加动作

（3）单击"添加行"按钮，弹出"添加行
到中继器"对话框。在其中可以设置新添加的数
据，如图 5-55 所示。

（4）单击 id 列的 fx 按钮，进入"编辑值"
对话框。在其中添加局部变量 r 等于中继器，在
上方填写表达式 [[r.itemCount+1]]，表示中继器
中的项目数加 1，如图 5-56 所示。

图 5-55　"添加行到中继器"对话框

图 5-56　"编辑值"对话框

（5）单击"确定"按钮，回到上一界面。每次添加行时会在 id 列中添加一个刚设置的值，在 content 列中添加一个空值，如图 5-57 所示。

图 5-57　添加行

（6）在"删除"按钮"鼠标单击时"事件中添加动作"删除行"。勾选"中继器"复选框。删除条件设置为 [[Item.id==r.itemCount]]，r 是局部变量代表中继器元件，将 id 等于项目总数的那一行删除，如图 5-58 所示。

图 5-58　删除行

> 🔔 **提示：**
> 删除行可以按条件删除，也可以按"标记"删除。标记是中继器的一个动作。使用标记和删除标记可以实现列表或表格的多选操作。

（7）预览原型。单击"添加"按钮，中继器会增加一个项目；单击"删除"按钮，中继器会删除编号最大的项目，如图 5-59 所示。

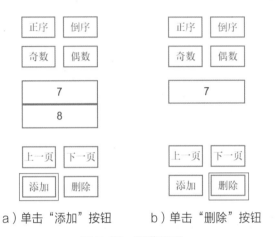

a）单击"添加"按钮　　　b）单击"删除"按钮

图 5-59　预览原型

5.4　数据操作案例

前面已经介绍过了 Axure RP 中变量、函数、中继器、数据集的基础知识。灵活运用这些功能可以实现很多精彩的交互效果。下面是一些与此相关的案例。

5.4.1　案例 13：模拟制作"奇妙清单"APP

"奇妙清单"是一个待办事项 APP，如图 5-60 所示。"奇妙清单"中最重要的交互就是添加、管理待办事项列表。Axure RP 可以很好地实现这种需要对数据进行操作的交互效果。

下面来讲解如何利用中继器来实现待办事项列表。通过这个案例，可以帮助读者加深对中继器的理解，掌握可操作列表的实现方法。

1．待办列表

（1）用矩形、椭圆形元件摆好手机外框，如图 5-61 所示。

（2）用文字、图标、矩形、文本框元件摆好页面上的标题栏和输入框，并将这些元件一起转换为动态面板"外框"，然后固定外框的大小，如图 5-62 所示。

图 5-60 奇妙清单

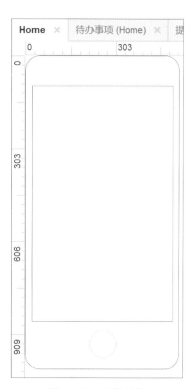

图 5-61 手机外框

图 5-62 设计标题栏和输入框

（3）添加中继器，命名为"待办事项"。

（4）在"待办事项"中添加"矩形"元件，作为其背景框。给矩形设置阴影，以突出内容。

（5）添加动态面板"标记"，添加两个状态，分别展示"未完成"状态和"已完成"状态。

在图 5-63 中"买买买"那一行的标记是"未完成"状态;"写一篇教程"那一行的标记是"已完成"状态。

（6）添加动态面板"内容"：添加两个状态，分别展示"无日期限制"的状态和"有日期限制"的状态。在图 5-63 中"买买买"那一行的内容是"无日期限制"状态，标记为已完成那一行的内容是"有日期限制"状态。

（7）将内容面板"正常"状态中的文字元件命名为"内容"，将内容面板"有期限"状态中的两个文字元件分别命名为"内容（限制日期）"和"日期"。

（8）添加动态面板"星标"：添加两个状态，分别展示"有星标"和"无星标"状态。如图 5-63 所示，左侧上面是"无星标"状态，下面是"有星标"状态。

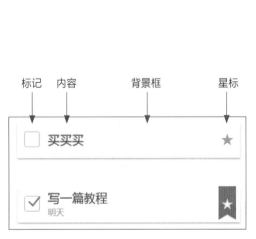
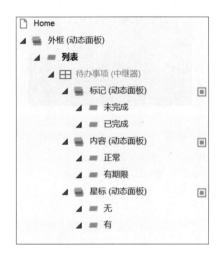

图 5-63　待办事项

> 🔔 提示：
>
> 　　五角星可以用图形元件做。五角星的红色背景可以用"钢笔"功能画出。对号可以用水平线元件摆出，也可以用"钢笔"功能画出。

（9）在星标面板"鼠标单击时"事件中添加动作：单击"星标"按钮时，将面板切换为下一个状态，直到最后再从头开始循环，如图 5-64 所示。这样就实现了单击一次加上星标，再单击一次取消星标的效果。

图 5-64　切换面板状态

（10）修改中继器的数据集，如图 5-65 所示。

- content 列是待办事项的内容。
- isStarred 列用来记录是否加了星标。
- isChecked 列用来记录是否已完成。
- isDued 列用来记录是否有日期限制。
- date 列是待办事项的日期限制。

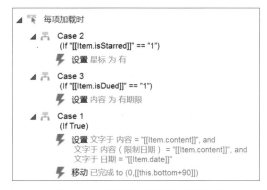

图 5-65　数据集

（11）在中继器"每项加载时"事件中添加 3 个用例，用例之间是 if……if……if…… 的关系。发生触发事件时依次执行 3 个用例，如图 5-66 所示。

- Case1 用于初始化每个复制项的数据。设置"内容"和"内容（限制日期）"的文本等于 content 列中的文本。设置"日期"的文本等于 date 列中的文本。
- Case2 用于设置中继器中星标面板的状态。如果 isStarred 为 1，则设置为"有"星标的状态。

图 5-66　"每项加载时"事件用例

- Case3 用于设置中继器中内容面板的状态。如果 isDued 为 1，则设置为"有期限"的状态。

（12）回到外框面板中，可以看到中继器加载了数据集中的数据变成了如图 5-67 所示的样子。

图 5-67　加载了数据的中继器

Axure RP 原型设计基础与案例实战

2. 查看详情

单击列表上的待办事项可以打开待办事项的详情页面。下面是实现步骤。

（1）在列表页面的旁边摆好查看详情的页面。将详情页面的元件一起转换为动态面板，并命名为"详情"，如图 5-68 所示。

（2）将"详情"面板左上角的文字元件命名为"详情内容"。

■ 在"详情"面板右上角添加星标面板。添加方法与中继器中的星标面板类似。

■ 在"详情"面板中添加"日期"面板。在"日期"面板中添加两个状态，"无"状态和"有"状态。两个状态中文字元件的颜色不同。

图 5-68　"详情"面板

（3）在"待办事项"事件的中继器中添加热区元件。在热区"鼠标单击时"事件中添加两个用例。两个用例是 if……if……的关系。发生事件时，依次执行两个用例，如图 5-69 所示。

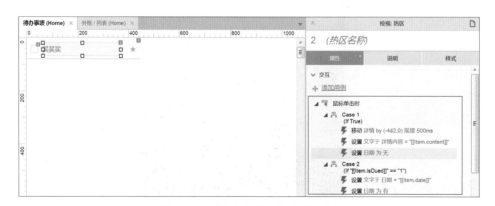

图 5-69　"鼠标单击时"事件用例

- 在 Case1 中添加移动动作。单击热区时，"详情"面板从右至左滑入。移动方式设为 by，距离设为 442 像素。442 是列表页面的宽度，-442 代表向左移动 442 像素。

图 5-70　"向右拖动结束时"事件用例

- 在 Case1 中初始化了"详情"面板中的数据。将"详情内容"元件设置为中继器的 content 列的值。默认情况下，将日期设置为"无"状态。

- Case2 用于处理有限制日期的情况。中继器的 isDued 列等于 1 时执行 Case2。此时，设置日期面板为"有"状态。同时，将日期面板"有"状态中的文字设为中继器 date 列的值。

（4）在"详情"面板"向右拖动结束时"事件中添加动作"移动"，如图 5-70 所示。向右拖曳面板时，详情面板向右滑出屏幕。移动方式设为 by，距离设为 442 像素。

（5）预览原型。单击"待办事项"列表上的任意一项，都会出现详情页面，如图 5-71 所示。详情页面中的数据与列表相对应。

图 5-71　预览原型

3. 添加待办事项

在输入框中输入文字，单击"提交"按钮或直接按 Enter 键后，则立即在列表中增加一个待办事项。下面是实现步骤。

（1）在列表页面右上角添加一个"对号"图标，然后转换为动态面板，并将其命名为"提交"，如图 5-72 所示。

（2）将"提交"面板设为隐藏。

（3）将文本框元件命名为"输入"，如图 5-73 所示。

- 在文本框元件"获取焦点时"事件中添加动作"显示面板"，将"提交"设为显示。

- 在文本框元件"按键按下时"事件中添加动作，添加行，然后将文本框中的文字清空。

图 5-72 "提交"面板

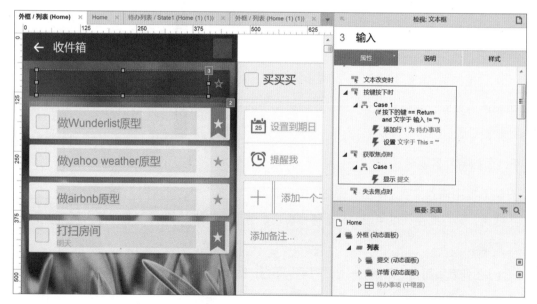

图 5-73 显示"提交"按钮

（4）文本框元件"按键按下时"事件中的用例有两个条件，如图 5-74 所示。

■ 用户按 Enter 键。判断"按下的键"是否等于键值"Return"。

■ 文本框中不为空。判断文本框元件上的文字是否不等于空（值的输入框中不输入任何内容
即表示"空"）。

图 5-74　设立条件

（5）双击"添加行"动作，弹出"添加行到中继器"对话框，如图 5-75 所示。在 content 列添加文本框元件上的文字。其他的列都添加"0"。

（6）在"提交"面板"鼠标单击时"事件中添加两个用例，如图 5-76 所示。

- Case1 用来处理文字不为空的情况。当文本框中文字不为空，也就是用户输入了文字时，单击"提交"按钮，就将文本框上的文字添加到中继器的数据集中。添加"添加行"动作，配置信息与第（5）步相同，不再赘述。
- Case2 的条件是 If True。任何情况下 Case2 都会执行，不管文本框上的文字是否为空，都将隐藏"提交"面板。

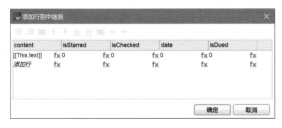

图 5-75　添加行到中继器

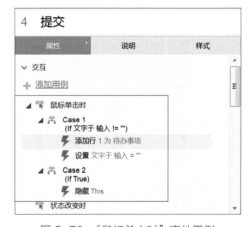

图 5-76　"鼠标单击时"事件用例

（7）预览原型。在输入框里输入任意内容，单击"提交"按钮，便可以看到输入的文字已经加入列表，变成一个待办事项了，如图 5-77 所示。

Axure RP 原型设计基础与案例实战

a）输入框 　　　　　　　　　　b）单击"提交"按钮

图 5-77 预览原型

4. 完成待办事项

完成待办事项后，在待办事项左边的方框中"打勾"，将该事项标记为已完成，并将其移到已完成列表中。下面介绍实现方法。

（1）在中继器"待办事项"事件中添加一个矩形，代表"收起"状态的已完成列表。然后将输入框、待办事项、矩形一块转换为动态面板，并命名为"待办列表"，如图 5-78 所示。

图 5-78 "待办列表"面板

（2）给"待办列表"添加交互动画，实现可拖曳的效果，如图 5-79 所示。

■ 在"拖动时"事件中添加动作"随拖动移动"。

■ 在"拖动结束时"事件中添加动作"移回初始位置"。(14,75) 是动态面板的初始位置。用例条件是待办列表的 y 坐标大于等于 75。也就是当"待办列表"被下拉到低于初始位置时，松手后该列表会自动弹回初始位置。这样就实现了列表的弹性效果。

（3）在"待办列表"底部添加一个中继器，命名为"完成事项"，如图 5-80 所示。"完成事项"中继器与"待办事项"中继器类似。"完成事项"中继器中的"标记"面板默认为"已完成状态"。在"完成事项"中继器的中部增加一个水平线元件，看起来像是内容被划掉了，让完成的状态更明确。

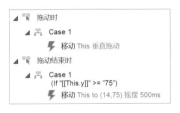

图 5-79　拖曳列表

图 5-80　"完成事项"中继器

（4）"完成事项"中继器的交互动作、数据集跟"待办事项"中继器基本一样，如图 5-81 所示。"完成事项"中继器和"待办事项"数据集中的各列是一一对应的。这样方便后续步骤在二者之间传递数据。

图 5-81　交互动作、数据集

（5）在"待办事项"中的标记面板"鼠标单击时"事件中添加用例，如图 5-82 所示。

- 将"标记"面板的状态设为已完成，看起来就像用户单击待办事项打了个对勾。
- 在操作数据之前，设置一个 500 毫秒的等待动作，让用户能看清刚刚的打勾动画。
- 从"待办事项"中删除行，在"完成事项"里添加行。

（6）添加行的内容，如图 5-83 所示。将"待办事项"中的各列一一对应地插入"完成事项"中。

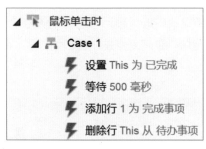

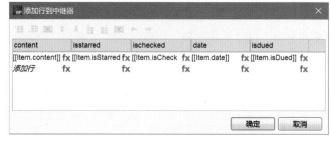

图 5-82　用户打勾用例　　　　　　　　　　　图 5-83　添加行的内容

（7）删除行的设置，如图 5-84 所示。由于是在中继器内元件的触发事件中删除行，所以可以选择 This 单选按钮，意为删除当前行。

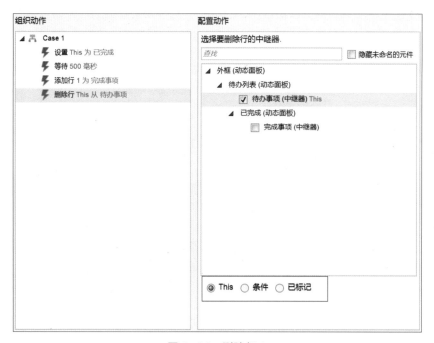

图 5-84　删除行 1

（8）在"完成事项"中的标记面板上添加类似的动作，如图 5-85 所示。

- 将标记面板切换为未完成状态。
- 在"完成事项"中删除行，在"待办事项"里添加行。具体设置这里不再赘述。

（9）将矩形和"完成事项"一块转换为动态面板，并命名为"已完成"。将状态命名为"展开"。复制"展开"状态，并重命名为"收起"。将"收起"状态中的中继器删除，如图5-86所示。

（10）在"收起"状态中添加一个热区，覆盖矩形。在热区"鼠标单击时"事件中添加动作"设置面板"状态。单击热区时，"已完成"面板切换到"展开"状态，如图5-87所示。

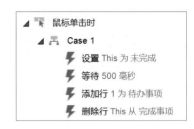

图 5-85　删除行 2

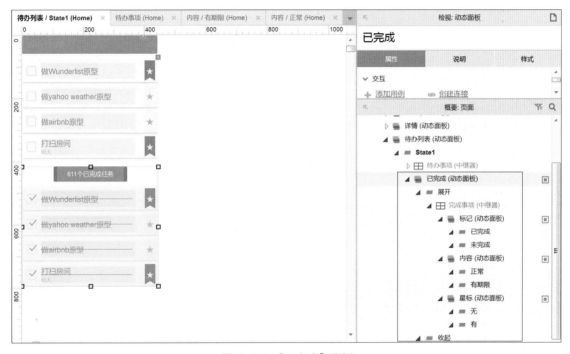

图 5-86　"已完成"面板

图 5-87　"收起"状态

（11）在"展开"状态中添加一个热区，设置类似的动作。单击热区时，"已完成"面板切换到"收起"状态。这样就实现了收起、展开已完成列表的效果，如图 5-88 所示。

图 5-88　"展开"状态

（12）预览原型，如图 5-89 所示。勾选待办事项，待办事项即移动到已完成列表中了。但是待办事项原来的位置留下了空白。这个问题可以通过实时更新已完成列表的位置来解决。

（13）每次添加、删除数据时，都会触发"每项加载时"事件。所以可以在"每项加载时"事件中实时更新已完成列表的位置。添加一个动作"移动"。设置"移动已完成 to（0，[[this.bottom+90]]）"。this.bottom 是待办事项最底部的 y 坐标值。将已完成移到 this.bottom 即可保证已完成列表随时"紧跟"待办事项。加 90 像素是为了在两者之间增加一点间隔，如图 5-90 所示。

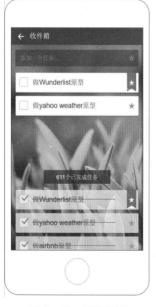

图 5-89　预览原型

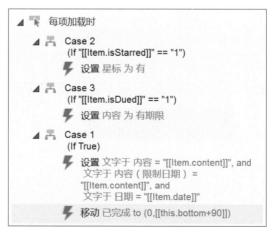

图 5-90　设置移动已完成动作

（14）再次预览原型，如图 5-91 所示。此时无论添加还是标记"完成列表"都会正常显示。

a）添加	b）标记完成

图 5-91 预览原型

5.4.2 案例 14：Layout 图片编辑

Layout 是 Instagram 公司发布的一款拼图工具。在页面下方直接单击图片库中的图片，页面上部就会直接展示拼图效果，如图 5-92 所示，操作相当便捷，交互效果值得学习。

a）图库	b）拼图

图 5-92 Layout 拼图

下面讲解如何利用中继器实现选择图片进行拼图的交互效果。

1. 图片库

（1）摆好手机的外框和页面上的元素。将页面上的元素一起转换为动态面板，并命名为"外框"，如图 5-93 所示。然后固定动态面板的大小。

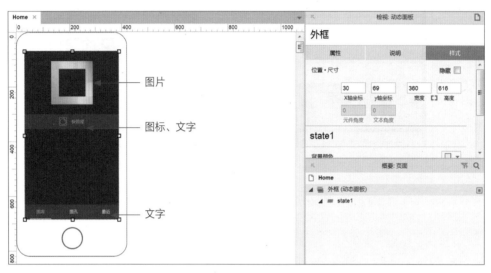

图 5-93　外框

（2）添加中继器，命名为"图片库"，如图 5-94 所示。在图片库中添加一个图片元件，高度和宽度都设为页面的 1/3。将图片元件命名为"图库图片"。

图 5-94　图片库

（3）在数据集中添加两个列 num 和 pic。num 是序号，pic 列的每行导入一张图片。

（4）在中继器"每项加载时"中添加动作"设置图片"，如图 5-95 所示。

图 5-95 添加"设置图片"动作

（5）设置"图库图片"元件等于 pic 列中的图片，如图 5-96 所示。一般只设置 Default 状态（默认状态）即可。设置图片允许直接导入指定图片，也可以导入"值"。本例中就是将中继器中的 pic 列作为值导入到元件中的。

图 5-96 配置动作

（6）调整"图片库"的样式。选择"水平 – 网格排布"，如图 5-97 所示。由于刚才将图片的尺寸设置为页面的 1/3 宽，所以每排项目数设置为 3，刚好能将页面填满。

图 5-97 设置为网格排布样式

（7）切换到"外框"面板，将中继器"图片库"放在合适的位置。数据集中设置了 8 张图片，每行 3 张，一共 3 行，刚好将页面空白填满，如图 5-98 所示。

Axure RP 原型设计基础与案例实战

图 5-98　在中继器中预览效果

2. 拼图版式

在图片库中选中图片后,在页面顶部显示拼图效果。顶部展示了 3 种拼图版式,分别是 4 格、横向和纵向。当选择 4 张以内的图片时,图片将以选中的先后顺序,显示在拼图中。当选择 5 张图片时,拼图版式将发生变化,4 格变成 5 格。下面介绍具体的实现方法。

(1)用图片元件摆出拼图版式,如图 5-99 所示。

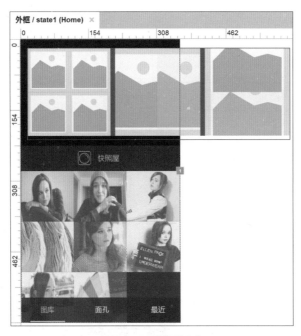

图 5-99　拼图版式

（2）后两种拼图版式无法完整显示图片。可以将图片元件放入动态面板中。通过调整动态面板的大小，控制图片的显示范围，保证图片都居中显示，两张图片各占一半空间，如图 5-100 所示。

（3）将 4 格版式的 4 张图片转换为动态面板，命名为"拼"。在"拼"中添加两个状态，分别命名为"4 图""5 图"。当选择 4 张以内的图片时，用"4 图"；当选择 5 张图片时，用"5 图"，如图 5-101 所示。

（4）设置好动态面板，并将图片分别命名，结果如图 5-102 所示。

- "拼图"面板中包含 3 种拼图版式，分别是拼、竖、横。
- "拼"面板中包含两个状态"4 图""5 图"。
- "竖""横"面板各自只包含一个状态。
- 由于空间不足，有些图片元件无法完整显示。可以将这些图片元件转换为动态面板，以便控制显示范围。

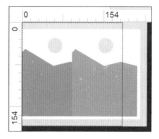

图 5-100　横向拼图

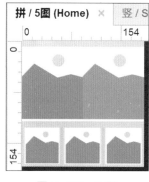

图 5-101　5 图

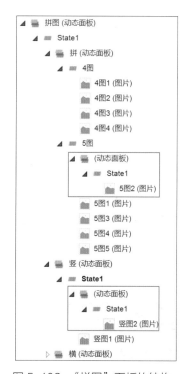

图 5-102　"拼图"面板的结构

3. 水平拖曳

"拼图"面板比页面更宽，如果想在原型中查看拼图面板的全貌，就要给拼图面板增加水平拖曳效果。

（1）在拼图面板"拖动时"事件中添加动作"移动"，如图 5-103 所示。移动方式选择水平拖动，这样就实现了水平拖曳的效果。

图 5-103　水平拖曳

（2）在拼图面板"拖动结束时"事件中添加两个用例，分别处理拖曳到头时自动弹回的效果。

■ 第一个用例的条件是面板的 x 坐标大于初始值 15。"移动"动作的移动方式是选择"到达"，坐标点设为面板的初始位置。如图 5-104a 所示为面板向右拖曳到头的位置。超过这个位置时，弹回初始位置。

■ 第二个用例的条件是面板的 x 左边小于页面宽度减去面板的初始位置再减去面板的宽度。如图 5-104b 所示为面板向左拖曳到头的位置。超过这个位置时，面板就移动回到初始位置。

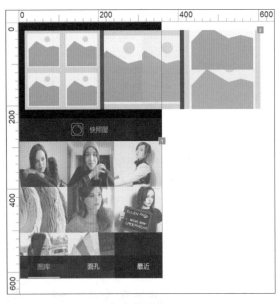

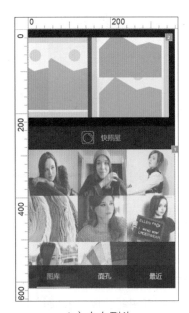

a）向右到头　　　　　　　　　　　　　　　　b）向左到头

图 5-104　拼图移动的边界

4．拼图

（1）为了让交互逻辑更简洁，在原型中再添加一个中继器，用来处理向"拼图"面板中添加、删除图片的逻辑。将中继器命名为"选中图片"，如图 5-105 所示。

（2）在"选中图片"中继器中不添加任何元件。它是一个纯粹用来管理数据和交互逻辑的中继器。

（3）"选中图片"中继器数据集列与"图片库"中继器的数据集保持一致，让二者间的数据传递更方便。不添加初始数据，如图 5-106 所示。

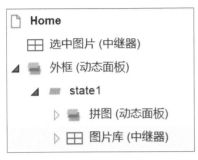

图 5-105 "选中图片"中继器

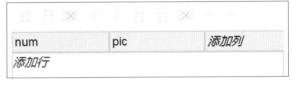

图 5-106 数据集

（4）在"图片库"中添加一个动态面板，命名为"选择框"，如图 5-107 所示。在面板中添加一个透明矩形和一个勾选图标。图片被勾选时显示该面板。

（5）将"选择框"设为隐藏。

（6）在"图库图片"的"鼠标单击时"事件中添加用例，如图 5-108 所示。

■ 单击图片时，显示选择框。

■ 显示"拼图"面板。

■ 将该图片添加到"选中图片"中。

图 5-107 选择框

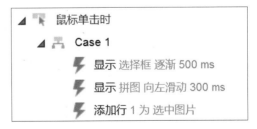

图 5-108 "鼠标单击时"用例

（7）在向选中图片里添加行时，需要添加 num 和 pic 两个列的数据，如图 5-109 所示。num 作为 pic 的索引序号，在取消选择图片、删除行时要用到。

图 5-109　添加行

（8）在选择框"鼠标单击时"事件中添加用例，如图 5-110 所示。

图 5-110　"鼠标单击时"用例

- 单击选择框时，取消图片的选择状态，隐藏选择框面板。
- 从选中图片中删除该图片。

（9）从选中图片中删除行时，用两个中继器的 num 列是否相等作为条件，如图 5-111 所示。

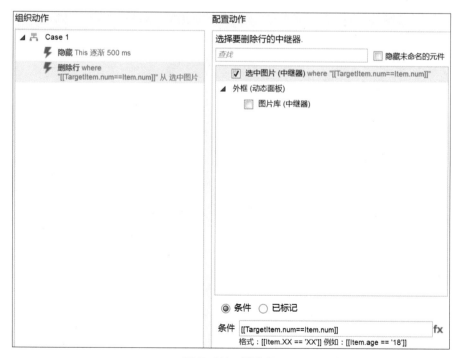

图 5-111　删除行

（10）在选中图片"每项加载时"事件中添加 5 个用例。用例间的关系是 if……if……if……if……if……每当添加行、删除行时，中继器会挨个执行这些用例，如图 5-112 所示。

- Case1 用来将"选中图片"中的第 1 张图片设置到拼图中的相应位置上。
- Case2 用来将"选中图片"中的第 2 张图片设置到拼图中的相应位置上。
- Case3 用来将"选中图片"中的第 3 张图片设置到拼图中的相应位置上。
- Case4 用来将"选中图片"中的第 4 张图片设置到拼图中的相应位置上，并且在选中 4 张图片时，将"拼"面板的状态设为"4 图"。
- Case5 用来将"选中图片"中的第 5 张图片设置到拼图中的相应位置上，并且在选中 5 张图片时，将"拼"面板的状态设为"5 图"。

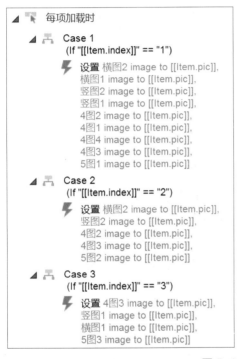
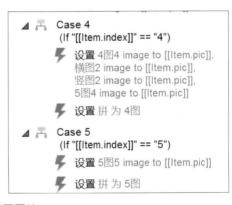

图 5-112　设置图片

提示：

用例条件中用到了 Item.index 变量，它代表该项对应数据集中的第几行。例如，选中了 3 张图片时，数据集中有 3 行数据。每项更新时，前 3 个用例的条件会被满足，并被执行，"拼图"面板中就会设置 3 张图片。

（11）预览原型。每选择或取消选择一张图片时，拼图区域都会发生相应变化，即预览拼图效果，如图 5-113 所示。

a）选 1 张图片

b）选 2 张图片

c）选 3 张图片

d）选 5 张图片

图 5-113　预览原型

5.4.3　案例 15：雅虎天气

雅虎天气是一款设计相当简洁优雅的天气 APP，如图 5-114 所示。主页面用当地风景图片来直观地表现当地的天气情况，上拉展示详细的数据表格和图表。为了增强可读性，上拉过程中背景将虚化，左右滑动可切换城市。切换过程中，背景图片比页面移动速度慢一半，用户像是透过一扇窗户在看背景图片一样。这个交互动画给 APP 增加了动感，也展示了更多信息。

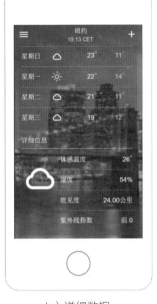

a）主页面   b）详细数据   c）切换城市

图 5-114　雅虎天气的原型

这个案例利用系统变量实现了复杂的交互动画，读者学会之后会对 Axure RP 的函数和变量有更深入的理解。

1. 弹性列表

（1）在画布上添加元件，组成一个手机壳形状。

（2）因为希望交互动画只发生在手机屏幕之内，所以添加一个动态面板，名称设为"外框"，固定外框的大小，高度设为 770 像素，如图 5-115 所示。后面的所有元件都添加到"外框"面板中。由于外框的大小是固定的，所以用户只能看到外框可视范围内的交互动画。

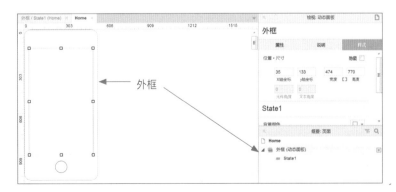

图 5-115　外框

（3）首页展示纽约的天气，在"外框"面板的 State1 状态中添加一个动态面板，命名为"纽约"，如图 5-116 所示。

- 在"纽约"面板中，直接添加没有"移动"效果的标题栏按钮、文字和背景图片。标题栏区域高度大概为 75 像素。
- 用文字元件和图标组成温度数字、天气图表。将这些元件转换为动态面板，命名为"纽约信息"。
- 因为不希望在拖动页面时，"纽约信息"中的元件盖住标题栏，所以再创建一个动态面板，命名为"信息外框"。将"信息外框"移动到标题栏下方，并将高度手动调整为 770-75=695 像素，刚好覆盖从标题栏底部到外框底边的范围。剪切"纽约信息"，然后将其粘贴到"信息外框"中。将"纽约信息"的 y 坐标设为 425 像素，让首页刚好露出显示温度的数字即可。这样，上下拖动"纽约信息"面板时，会逐渐露出天气表格，但不会遮挡标题栏。

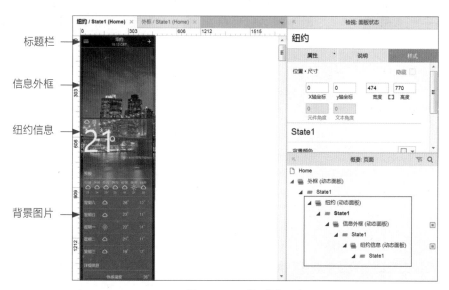

图 5-116　"纽约"面板

（4）此时给"纽约"面板"拖动时"事件中添加移动动作，如图 5-117 所示，即可实现拖动列表的效果了。

（5）在"纽约"面板"拖动结束时"事件增加两个移动动作可以实现"弹性"列表的效果，如图 5-118 所示。"纽约信息"面板会在移出可视范围后自动弹回页面边缘。

- 向下拖动"纽约信息"面板时，最下方的范围不能超过它的初始 y 坐标 425。一旦超过这个坐标范围，就移动回 425 像素。
- 向上拖动"纽约信息"面板时，最上方的范围不能超过"信息外框"面板的高度减去"纽约信息"面板的高度 695-1220。一旦超过这个范围，就移动回 695-1220。

图 5-118 弹回动作

图 5-117 垂直滑动

 小知识：

获取元件的 y 坐标

图 5-118 中的条件里有一个变量 nyinfo.y，表示"纽约信息"面板的 y 坐标。

（1）在"条件设立"对话框中选择"值"，如图 5-119 所示。

（2）单击 fx 按钮，进入"编辑文本"对话框，如图 5-120 所示。

（3）在 fx 界面下方，添加局部变量。设置 nyinfo 等于元件"纽约信息"。

（4）在 fx 界面上方输入"[[nyinfo.y]]"，表示"纽约信息"的 y 坐标值。

图 5-119 在"条件设立"对话框中选择"值"

图 5-120 "编辑文本"对话框

2. 背景虚化

Axure RP 中没有模糊滤镜这个功能。背景虚化的效果只能用取巧的办法来实现。

（1）把背景图片转换为动态面板，命名为"纽约背景"。

（2）在"纽约背景"面板中添加 3 个状态 State1 ～ State3，如图 5-121 所示。分别在 3 个状态中添加 3 张不同分辨率的图片。State1 中放最清晰的图片，State3 中放最模糊的图片。

（3）在"纽约"面板"拖动时"事件中添加两个用例，如图 5-122 所示。

- 注意，用例的条件逻辑符都是 if，让这些条件依次执行。
- DragY 表示纵向拖曳的距离。如果向下拖曳，DragY 为正数；向上拖曳，DragY 为负数。向上拖曳时"纽约背景"面板设置为前一个清晰的状态。向下拖曳时"纽约背景"面板设置为后一个模糊的状态。

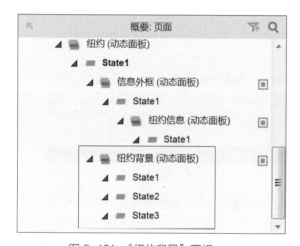

图 5-121 "纽约背景"面板

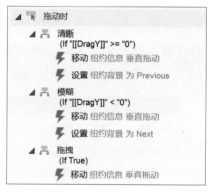

图 5-122 弹回动作

 小知识：

系统变量 DragX 和 DragY

DragX 和 DragY 是 Axure RP 的两个系统变量，分别记录了用户在横向和纵向拖曳的距离。如图 5-123 所示，用户向右下方拖曳时，DragX 记录了用户向右拖曳的距离，DragY 记录了用户向下拖曳的距离。

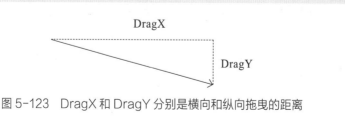

图 5-123 DragX 和 DragY 分别是横向和纵向拖曳的距离

3．手势识别

雅虎天气原型中同时包含了两个方向的拖曳——左右切换城市和上下拖动列表。

如果原型中只包含一个方向的拖曳，可以直接在"拖动时"事件的用例中添加"水平拖动"或"垂直拖动"动作。同时包含两个方向的拖曳交互，需要先在"拖动开始时"事件中计算出用户到底想往哪个方向拖曳。然后根据计算结果，再在"拖动时"事件中设置移动动作。下面给出了一种计算用户拖曳方向的方法。

一般来说：

■ 如果用户想左、右滑动页面时，通常拖曳的 DragX 值会比 DragY 值大。

■ 如果用户想上、下滑动页面时，通常拖曳的 DragY 值会比 DragX 值大。

根据这个原理，可以在"拖动开始时"事件中添加两个用例 Case 1 和 Case 2，如图 5-124 所示。

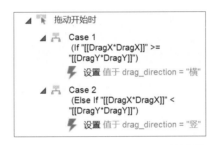

图 5-124　Case1 和 Case2 的设置

■ Case 1 设置的条件是 DragX 的平方大于 DragY 的平方。

如果这个条件成立，则用户应该是横向左、右滑动页面。这里设置自定义变量 drag_direction 的值为"横"。

■ Case 2 设置的条件是 DragX 的平方小于 DragY 的平方。

如果这个条件成立，则用户应该是纵向上、下滑动页面。这里设置自定义变量 drag_direction 的值为"竖"。

这样就判断出了用户到底想往哪个方向拖曳页面。

> **提示：**
>
> 上面的算法中没有直接比较 DragX 和 DragY 的值而是比较二者的平方。这是为了屏蔽变量正负号的干扰。也可以比较二者的绝对值。
>
> 拖曳时，向右 DragX 为正，向左 DragX 为负；向下 DragY 为正，向上 DragY 为负。

4．视差滚动

（1）为了实现城市间切换的效果，紧贴动态面板"纽约"的右侧，建立一个结构一样的动态面板"北京"，如图 5-125 所示。

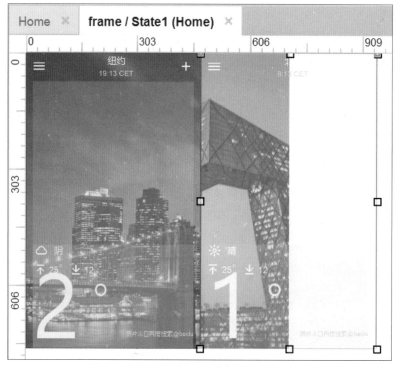

图 5-125　"北京"面板

　　（2）因为要实现背景图和页面以不同的速度移动的效果，所以动态面板"北京"中的背景图需要事先向左挪动半个屏幕宽度的距离，坐标 x 为 -237，如图 5-126 所示。

图 5-126　背景的位置

（3）根据手势识别的结果，在"纽约"面板"拖动时"事件中，设置不同的用例处理不同的手势，如图 5-127 所示。

- 在背景虚化的两个用例的条件中添加 drag_direction 的值等于"竖"。
- 新添加一个用例，条件是 drag_direction 的值等于"横"。在这个用例中，添加 4 个移动动作。
- 水平移动"北京"和"纽约"面板，实现页面滑动切换的效果。
- "北京背景"和"纽约背景"面板的移动方式是"经过"，*x* 值设为 [[-DragX/2]]。以 1/2 的速度移动"北京背景""纽约背景"，实现视差滚动的效果，看起来就像透过窗户看远处的风景一样。

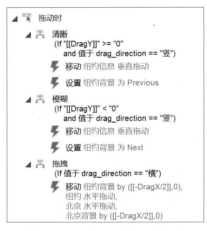

图 5-127 "拖动时"事件用例

🔔 提示：

案例中，先让页面（包括背景）以 1 倍速度移动，再让背景以 1/2 的速度反向移动。两个速度合在一起，最终可以看到背景以 1/2 的速度与页面同方向移动。背景与页面方向相同但速度不同，形成视差。

（4）在"纽约"面板"拖动结束时"事件中，添加以下 4 个用例。

- 修改用来实现弹性列表的两个用例。在条件中增加 drag_direction 的值等于"竖"。
- 添加两个用例用来实现横向的弹性效果。如果拖曳页面的距离超过页面宽度的 1/4 时，则切换页面，将"纽约"面板移走，将"北京"面板移到页面中央。如果拖曳页面的距离小于页面宽度的 1/4 时，则让各个面板都回到初始位置。

🔔 提示：

"北京 / 纽约背景"面板处于"北京 / 纽约"面板之内。设置"要移动到"的坐标时，要设置在"北京 / 纽约"面板之内的坐标，如图 5-128 所示。

（5）到这一步，已经实现了"纽约"面板的视差滚动效果。在"北京"面板的"拖动开始时""拖动时""拖动结束时"事件中分别创建类似的用例，即可实现"北京"面板的视差滚动效果，如图 5-129 所示。由于设置方法完全一样，在此不再赘述。

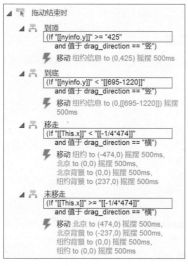

图 5-128 "拖动结束时"事件用例

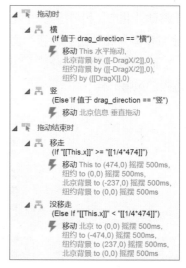

图 5-129 "北京"面板的事件用例

（6）预览原型。左、右拖曳页面，页面的背景会以不同的速度移动，如图 5-130 所示。

a）未移动

b）开始移动

c）移动中

d）移动完成

图 5-130 预览原型

06

第6章

复杂原型的规划

Axure RP 可以制作出交互效果很强大的原型。强大的原型往往拥有复杂的设置和代码。而"复杂"可能会带来如下问题：

- 交互设置太复杂或代码太多，也许隔一段时间再看，就看不明白了，想修改原型却不知道应该修改什么。
- 各个交互动作之间相互关联，牵一发而动全身，明明修改的是这个地方，其他地方却莫名其妙地出错。

为了避免原型复杂到难以修改，每次迭代原型时都要注意原型的"可维护性"。

6.1 可维护性

可维护性是软件开发中的一个概念。引入到原型制作中，"可维护性"是指为了满足新的需求，而理解、修改原型的容易程度。

决定原型可维护性的有两个因素。下面具体讲解。

6.1.1 可理解性

可理解性是指通过查看原型的设置、代码、说明，来了解原型的意图、功能、操作的容易程度。可理解性主要体现在下面两个方面。

（1）自己理解原型

修改原型最头痛的就是随着时间的流逝，以前的理解和记忆都逐渐消失了。每次修改或增加新需求时，要一点一点地看交互设置和代码来回忆当时制作的场景。如果不理解，就没法修改。要让自己理解原型，应该给元件、用例、变量等添加规范的命名，在这些关键点上唤起自己的记忆。

（2）团队成员理解原型

项目中随时会发生意料之外的事情。团队中成员可能会休假，或临时调去开发另一个项目中。为了让其他人能顺利地"接棒"，必须保证原型的逻辑非常清晰，尽量遵循团队的风格和习惯。而且，要在原型中适当地添加说明或者流程图、结构图。理想状态下，一个原型应该是清晰易懂不需要解释的。

6.1.2 可修改性

可修改性是指根据新的需求，找到并修改元件样式、交互设置，而不引起其他的连锁反应和不良后果的容易程度。可修改性体现在下面 3 个方面。

（1）可以快速添加新功能

有的人会为了实现复杂的交互效果，而打破页面的层级，单从方便做出交互动画的角度出发，在一个页面上创建了很多动态面板。但是，交互动画虽然实现了，过后想在功能流程中添加新的步骤时，发现直接修改的话改动太大，只好彻底推翻重新来过。可修改的原型，应该在开始制作时就预留改进的空间，以便在有新的需求时可以通过简单修改即可实现。

（2）容易找到问题

修改原型时，容易发生找不到问题的情况。明明是这样修改的，预览的效果却总是那样的。一般人找问题会用下面两种方法：

- 一是自上而下找问题。该方法首先熟悉整个原型结构，然后找到需要修改的页面和元件，然后继续寻找到具体的变量、属性、动作。这种方式排查问题的代价很大，尤其对复杂的原型代价更大。要降低这种代价，就要写好说明，最好制作出功能流程图和页面结构图。
- 二是自下而上找问题。该方法直接深入到具体设置和代码片段中。这种方式需要依靠经验和直觉。而且要求原型中各个功能之间分隔得比较好。一个效果就是由一段代码设置的，没有重复代码。

（3）不容易引发关联问题

有时修改了原型中的一个元件，可能导致其他元件的交互效果出错。这种问题当时很难察觉，过一段时间后发现问题了却找不到原因了。要避免这种问题，需要规划好原型的整体结构，让每个元件、每个用例的作用都清晰明确。

6.2　巧命名

Axure RP 中各种元件都可以命名。页面和模板都可以被命名，然后用文件夹组织成树形结构。规模比较大的原型中，可以直接按名称搜索元件、页面。元件地图、配置动作界面中可以设置成只显示已命名的元件。Axure RP 以名称为基础，建立了一套"高可维护性"的组织管理方法，做好各个页面、模板、元件的命名，这套方法才会发挥出最大功效。

6.2.1　使用有意义的名称

制作原型时应该尽量使用有意义的名称为元件命名，这样下次看到时才能快速理解元件的作用。如果元件命名太随意，如图 6-1a 所示，过一段时间再看原型，有可能自己都看不下去了。改为有意义的名称，团队中的其他同事们也能轻易理解各元件，如图 6-1b 所示。

在元件地图中，可能看这个问题还不明显。在交互动作的代码中，元件有没有被合适地命名，其代码的易读性差别很大，如图 6-2 所示。

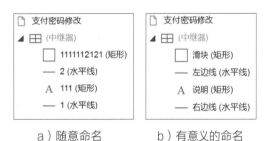

a）随意命名　　　b）有意义的命名

图 6-1　元件地图中的命名

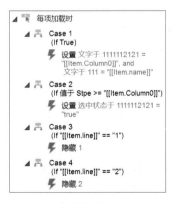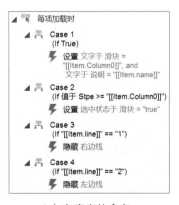

a）随意命名　　　　　　　　b）有意义的命名

图 6-2　交互动作代码中的命名

6.2.2　命名规范

Axure RP 中，变量名称、中继器中的列名称都只能用英文字母命名。软件开发中，代码都是英文的，并且有如下一些命名规则，制作原型时也可以借鉴。

- 尽量使用英文单词来命名，因为汉语拼音可能有歧义。
- 尽量不简写，应使用英文单词的完整拼写，否则可能有歧义。
- 有时名称中需要用多个英文单词才能表达清楚，因为 Axure RP 不允许用空格来分隔单词，可用下面两种方法分隔单词。
  - 用下画线"_"分隔。例如 app_id、user_name。
  - 需要分隔时，将单词的首字母大写，其他字母小写。例如 appId、userName。
- 表示"是或否"的变量可以加前缀 is。例如 isMarked、isLogin。

6.2.3　页面的命名

页面的命名应该是便于大家理解的，而且要说明页面的内容。因为后继的设计师会沿用原型里的名称来命名 UI 效果图。之后的流程中，程序员会在交流中也会使用这些名称。如果页面命名得好，团队也更容易沟通。

页面的名称中可以添加一些前缀，代表页面的状态。例如

- TODO：表示还没做完的页面。
- FIXME：表示需要修改、优化的页面。
- BACKUP：表示暂时不用，用来备份的页面。

6.3　善用"说明"功能

Axure RP 中可以使用"说明"功能，记录元件的说明信息。如果希望记录整个原型的说明信息，可以新建一个页面，用文字、表格元件记录，或用"流程图"元件以流程图或结构图的形式记录。

6.3.1　元件的"说明"

元件的"说明"对可理解性很重要。一个有用的元件说明，应该写明元件的作用及用途。在原件的"属性"检查和"样式"标签旁边就是"说明"标签，如图 6-3 所示。图 6-3 中的"说明"和"新增字段"是"说明"的两个字段。

单击"自定义字段"按钮，在弹出的对话框中可以添加或删除字段，如图 6-4 所示。使用"自定义字段"功能可以根据需求定制"说明"界面。

图 6-3　"说明"标签

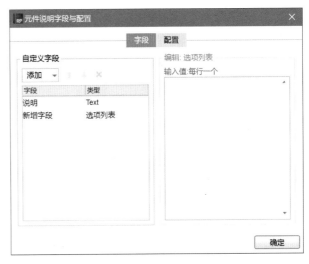

图 6-4　自定义字段

6.3.2　对整个原型的"说明"

在原型的站点地图首页，可以为整个原型添加"说明"，如图 6-5 所示。在这个页面中解释原型的主要内容，以及如何使用这个原型。另外，还可以在"说明"中提供制作者的联系方式，以方便与团队其他成员沟通。

图 6-5　说明页

6.3.3 结构图、流程图

在原型中，可以添加介绍原型整体的结构图、流程图，以便读者可以清楚地看到产品的整体设计思路，更容易理解产品结构和功能流程。

Axure RP 中默认带有结构图、流程图的元件库为 Flow 元件库，如图 6-6 所示。Flow 元件库中包含了 20 多种常用的元件。

1. 流程图

如图 6-7 所示为一个描述积分兑换流程的流程图。

图 6-6　Flow 元件库

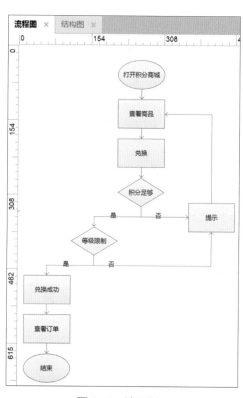

图 6-7　流程图

在流程图中，通常用不同的图形代表不同的含义。

■ 矩形：代表流程中的"步骤"。

■ 菱形：代表条件判断。

■ 椭圆形：代表流程的起始和终止。

2. 结构图

结构图常用来表示产品的信息架构和页面逻辑。通常用不同的图形代表不同的含义。

■ 矩形：代表各个页面。

■ 线：连接各个页面，代表页面的访问路径。

如图 6-8 所示为一个新闻平台的信息结构图。

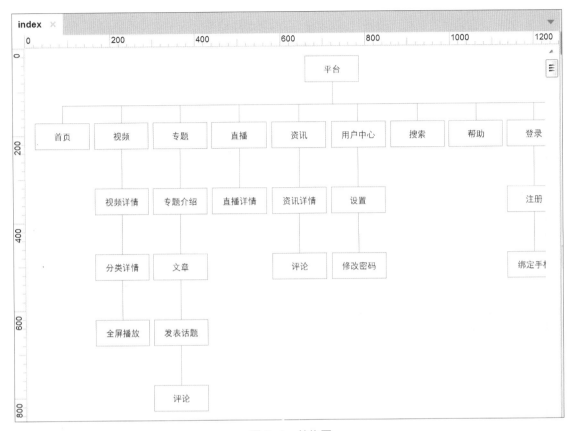

图 6-8　结构图

提示：

（1）结构图上，页面名称最好与原型的站点地图中的页面名称对应。

（2）可以在矩形元件上添加"动作"，通过单击各元件跳转至各页面，这样查看原型更方便。

6.4　结构规划

在制作原型前，最好先规划好原型的结构，为将来的修改预留空间。在制作过程中，应该随时调整结构，保持结构简单清晰，易于理解。

6.4.1　原型结构——选择"页面"或"动态面板"

在动手制作原型之前就要考虑：原型的各个页面用"页面"，还是"动态面板"来做？

- 如果页面比较多,而且制作的是网站原型,那么最好在站点地图中添加多个页面来实现原型,如图 6-9a 所示。
- 如果页面切换的交互比较多、比较复杂,可以考虑用动态面板来实现原型,如图 6-9b 所示。"动态面板"中的一个状态就是一个页面。状态间可以方便地传送数据。交互动画可以通过"设置面板状态"来实现。唯一的缺点是如页面较多,则预览原型时加载速度会比较慢。

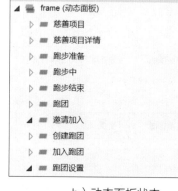

a）页面　　　　　　　　　　　b）动态面板状态

图 6-9　原型结构

6.4.2　减少重复的动作和数据

1. 减少重复的动作

重复是可维护性的大敌。当意识到有相同的动作重复出现时,结构规划时应该尽量思考是否将这个动作抽出来,只写一次。

例如:

- 用例 1,包括动作 A 和动作 C。
- 用例 2,包括动作 B 和动作 C。

用例 1 和用例 2 都包含了动作 C。如果分别在两个用例中都有这个动作,修改时会比较麻烦。一旦只修改了一个,忘了修改另一个,就可能造成难以察觉的错误。

比较好的办法是:新建一个用例 3。去掉用例 1、2 中的动作 C,将动作 C 添加到用例 3 中。用例 3 的条件可以设为 if true。让用例 1 和用例 2 执行之后都会执行用例 3。这样,交互效果没变,但是以后动作 C 只需在一处修改即可,可维护性提高了。

2. 减少重复的数据

原型中,常有一些数据（如数字、文本、日期等格式）要在多处用到。这些数据一旦需要修改,就要挨个页面进行查找,很容易漏掉。

如果这个数据比较重要，可以在"页面加载时"事件中创建一个变量，用"设置变量值"动作将数据赋值给变量。需要用到数据时，不直接填写，而是使用变量。这样，当需要修改数据时，直接在一处修改即可，避免了漏改、忘改的情况。

6.4.3　分割用例

原型中应该尽量将用例分割开。让每个用例只负责一个功能。一个用例内的动作不要过多。如果一个用例有超过 20 个动作，那么这个用例基本上是不可理解的。

分割用例的一个办法是将一些动作放在目标元件中。例如：

（1）对动态面板的操作，可以将"动作"设置在动态面板的"状态改变时"事件中。

如想对动态面板进行操作时，使用动作"设置面板状态"，该面板的"状态改变时"事件就会被触发，进而执行动作。

（2）对中继器的操作，可以将"动作"设置在中继器的"每项加载时"事件中。

如果想对中继器进行操作时，只要使用动作"添加行"或"更新行"，中继器的"每项加载时"事件就会被触发，进而执行动作。

这样设置，不但避免了用例中动作过多，而且查找起来也更方便。

6.5　案例 16：Flappy Bird 游戏案例

游戏中的交互动画通常比 APP、网站的交互动画多。只要有合理的规划，Axure RP 也可以制作出非常复杂的游戏原型。

下面以一款火遍全球的游戏 Flappy Bird（如图 6-10 所示）为例，讲解如何规划、制作复杂的原型。

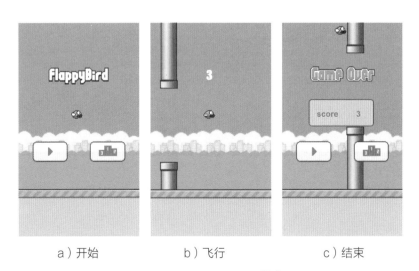

a）开始　　　　　b）飞行　　　　　c）结束

图 6-10　Flappy Bird 游戏

6.5.1 原型规划

1. 结构规划

游戏中交互动画比较多，所以原型应该用"动态面板"来实现，将不同的页面放在不同的状态中。游戏的开始页面、游戏页面、结束页面上的元素差别较小。所以，可以考虑在一个状态中，通过控制不同元件的隐藏和显示样式来表示页面的切换，这样能做出更细腻的转场效果。

2. 动作规划

游戏中，能"动"的元件很多，如果把动作放在一块，会带来不好理解的问题，而且难以修改。所以，应该把动作分散在各个元件中。小鸟飞行的动作就放在小鸟元件中，地面、管道移动的动作也分别放在各自的元件里。

6.5.2 开场

下面制作开场部分，包括游戏背景、开始按钮等。游戏的图片素材可以从本书附带的案例文件中获取。

（1）添加图片元件，将元件一起转换为动态面板，命名为"外框"，如图 6-11 所示。游戏中，管道、地面都会超出页面范围，"外框"面板是用来控制显示范围的。

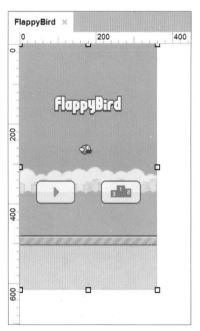

图 6-11 "外框"面板

（2）将页面上的元件各自转换为动态面板，如图 6-12 所示。随着开场动画，这些元件会消失或改变状态。将开始按钮命名为"开始"，将排名按钮命名为"排名"。

（3）在"开始"按钮的"鼠标单击时"事件中添加动作"隐藏动作"，将"标题、排名、开始、记分牌"设为隐藏，如图 6-13 所示。

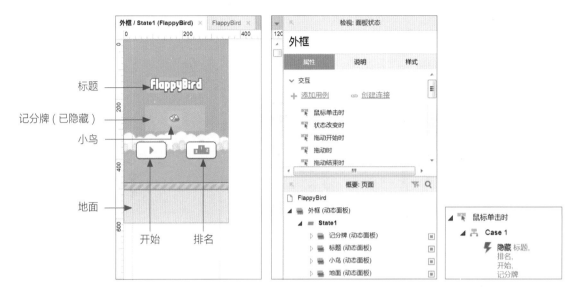

图 6-12　转换为动态面板　　　　　　　　　图 6-13　设置隐藏样式

6.5.3　背景移动

让背景"向后"移动，可以创造出小鸟"向前"飞行的感觉。本例中的背景包括管道和地面。依照规划，下面将移动动作设置在管道和地面上。

（1）先摆好素材，如图 6-14 所示。

- 在面板上添加上、下管道图片，然后一起转换为动态面板，并命名为"管道"。注意上下管道之间的距离。本例中的距离设为 200，大约为小鸟的 4 倍身高。管道间距越短，越难以控制小鸟通过，游戏难度越高。
- 延长"地面"的宽度，使其超过页面宽度。

（2）在"管道""地面"面板中复制状态，让两个面板都拥有相同的状态，如图 6-15 所示。

（3）在"地面"面板的"状态改变时"事件中添加动作"移动"，如图 6-16 所示。移动分两步：

- 第 1 步，将地面移动到初始位置。
- 第 2 步，将地面移动到地面右边缘与页面右边缘重合的位置。这个移动动作要设置"线性"动画，让用户看清移动的过程。

🔔 提示：

两步合起来的效果是——地面瞬间移到右侧，然后再慢慢移到左侧。如果不断重复执行这两个动作，就可以实现地面不断移动的效果。

图 6-14　设计管道和地面效果

图 6-15　复制状态

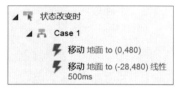

图 6-16　"状态改变时"面板

（4）在"开始"按钮的"鼠标单击时"事件中添加"设置面板状态"动作，如图 6-17 所示。将地面面板设为"下一个"状态，并且每 500 毫秒循环一次，即让地面每 500 毫秒切换一次状态。每次切换状态时都会执行上一步中设置的移动动作。这样就实现了地面面板不断向后移动的效果。

（5）同样，在"开始"按钮的"鼠标单击时"事件中设置"管道"面板每 500 毫秒切换一次状态，如图 6-18 所示。注意这里可以勾选"首个状态延时 500 毫秒后切换"复选框。让地面先动，管道再出现，让动画变得更有层次。

（6）在"管道"面板的"状态改变时"事件中添加两个动作，如图 6-19 所示，与"地面"面板类似，其中，一个移动动作控制移动动画的过程，另一个移动动作控制瞬间复位。

图 6-17　状态改变时

图 6-18　设置面板状态

图 6-19　"状态改变时"事件用例

6.5.4　飞行控制

小鸟的动作比较复杂，但是可以分解为几个简单的动作——小鸟拍打翅膀、小鸟掉落、点击屏幕时小鸟向上飞。

1. 小鸟拍打翅膀

小鸟拍打翅膀需要多张素材轮播来实现。依照规划，轮播动作应该设在小鸟面板上。

（1）找到小鸟飞行的素材。在"小鸟"面板中添加 4 个状态，每个状态中添加一个小鸟的图片，如图 6-20 所示。

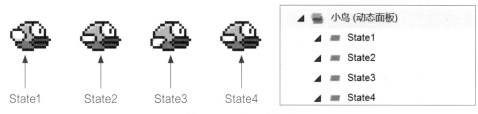

图 6-20　状态改变时

（2）在"开始"按钮的"鼠标单击时"事件中添加"设置面板状态"动作。设置"小鸟"面板每隔 100 毫秒切换一次状态，如图 6-21 所示。

> 🔔 提示：
>
> "小鸟"面板每 100 毫秒切换一次。管道和地面为每 500 毫秒切换一次。小鸟拍打翅膀的频率高一些，动画会更自然。

（3）如果希望在游戏开始前小鸟就保持动态的，可以在"小鸟"面板的"载入时"事件中添加动作，让面板循环切换状态，如图 6-22 所示。

图 6-21　"鼠标单击时"事件用例

图 6-22　"载入时"事件用例

2. 小鸟掉落

小鸟在自然状态下会掉落，在点击屏幕后会上升。要实现这个效果，需要设置一个变量来区分小鸟当前处于什么状态。

（1）添加全局变量 isdrop，如图 6-23 所示。isdrop 等于 1，表示小鸟处于下落状态；isdrop 等于 0，表示小鸟处于上升状态。

（2）在"开始"按钮的"鼠标单击时"事件中添加动作设置 isdrop 的默认值为 1。

（3）在"小鸟"面板的"状态改变时"事件中添加两个用例，如图 6-24 所示。

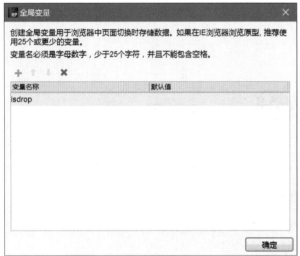

图 6-23 添加变量 isdrop

图 6-24 "状态改变时"事件用例

- 用例"下落"的条件为设置 isdrop 等于 1。
- 用例"上升"的条件为设置 isdrop 等于 0。

（4）在"下落"用例中添加两个动作，如图 6-25 所示。

- 用"旋转"动作实现小鸟下落时"低头"的动画。"旋转"方式选择"到达"。"角度"设为 90°，让小鸟的头朝下。"动画"设置为"缓慢进入"，让人感到小鸟是越掉越快的。

提示：

"旋转"有两种方式，分别是"到达"和"经过"。这两种方式的含义与移动方式类似，"到达"表示达到某个绝对的值，"经过"表示要旋转的相对角度。

旋转还可以设置锚点位置，旋转时以锚点为中心而转。

- 用"移动"动作实现小鸟的下落。因为这个动作设置在"状态改变时"事件中。"小鸟"面板每 100 毫秒改变一次状态。所以，移动动作中设置的距离为小鸟在 100 毫秒内走过的距离。本例中设为 30，小于小鸟的身高。这里还可以设置边界，保证小鸟不会掉出屏幕可视范围。

图 6-25　"下落"用例

3. 点击屏幕时小鸟向上飞

（1）在页面上添加一个与页面大小相同的"热区"元件，命名为"点击区域"，如图 6-26 所示。点击区域用于接收用户点击屏幕的事件。

（2）在"点击区域"的"鼠标单击时"事件中添加用例，如图 6-27 所示。

- 用例的条件设为"开始"元件的可见性等于 false，即游戏开始，"开始"按钮消失之后，点击区域才开始生效。

- 玩家点击屏幕后先将 isdrop 设为 0，让"小鸟"面板处于上升状态。300 毫秒后再将 isdrop 设为 1，让小鸟上升一段距离后，恢复到自然状态再次开始下落。玩家看到小鸟下落，会再次点击……这样，游戏的最基本玩法就实现了。

（3）完善"小鸟"面板"状态改变时"事件的"上升"用例，如图 6-28 所示。"上升"用例中同样有两个动作。这两个动作基本上与下落动作相同，在此不多赘述。

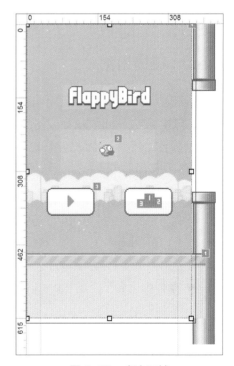

图 6-26　点击区域

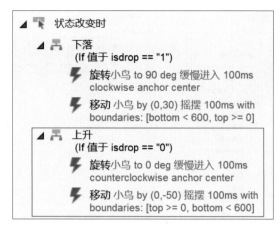

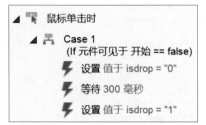

图 6-27 "鼠标单击时"事件用例　　　　　图 6-28 "上升"用例

> **提示:**
>
> 注意下落的移动距离与上升的移动距离不同。这是为了增加游戏的难度。一般人在潜意识中会认为同一只鸟下落与上升应该是相同的速度。在穿过管道时会有个心理预期——点击一下小鸟会上升回相同的高度。当游戏设置小鸟上升和下落的速度不同时,会打破这个预期,让玩家判断失误。这可能就是 Flappy Bird 游戏这么难玩的原因。

6.5.5　碰撞检测

现在已经实现了小鸟的飞行与管道、地面的移动。下面实现小鸟与管道、地面的碰撞。管道、地面的碰撞都与小鸟相关,所以这部分动作都设置在"小鸟"面板较好。

撞死与上升、下落都是小鸟的一种状态。撞死状态用 isdrop 等于 -1 来表示。将判断碰撞的用例与实现碰撞后果的用例分开。判断碰撞的用例只添加动作将 isdrop 设为 -1。

1. 地面碰撞

小鸟与地面的碰撞可以用取巧的方式实现。只要小鸟高度低于地面的高度,就算小鸟撞死。

（1）在"小鸟"面板的"状态改变时"事件中添加用例"判断高度",如图 6-29 所示。

（2）用例的条件为小鸟的 y 坐标大于 500。

■ 条件中用到了变量 [[this.y]]。this 代表当前元件,即"小鸟"面板。this.y 表示"小鸟"面板的 y 坐标。

■ 500 是"地面"面板的 y 坐标值。

（3）用例中添加一个动作"设置变量值",并将 isdrop 设为 -1。

2. 管道碰撞

通过检测"小鸟"面板与"管道"面板中的几个管道图片元件是否接触,来判断二者是否发生了碰撞。

（1）分别给"管道"面板的两个状态中的 4 个管道图片命名。

（2）在"小鸟"面板的"状态改变时"事件中添加用例"判断碰撞"，如图 6-30 所示。

图 6-29　添加"判断高度"用例

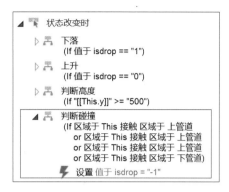

图 6-30　添加"判断碰撞"用例

（3）"判断碰撞"的条件设置，如图 6-31 所示。

- 用例条件由 4 个条件组成，只要满足其中任意一个条件就算用例条件成立。
- 4 个条件十分类似——判断"小鸟"面板是否与 4 个管道元件发生了"接触"。这里"接触"的含义就是其字面意思。

图 6-31　设立用例条件

（4）用例中添加一个动作"设置变量值"，将 isdrop 设为 -1。

6.5.6　结束

小鸟发生碰撞，游戏就结束了。进入结束页面相关的动作也可以放在"小鸟"面板上。在检测碰撞的用例中将 isdrop 变量设为了 -1，可以以此为标记创建用例。

（1）准备好结束页面的素材。在"标题"面板中添加一个状态"游戏结束"，如图 6-32 所示。

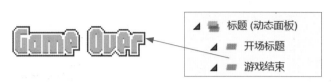

图 6-32　添加"游戏结束"状态

（2）在"小鸟"面板的"状态改变时"事件中添加"结束"用例，如图 6-33 所示。

■ 将"小鸟""地面""管道"3 个面板的循环切换状态的动作停下来，让页面上的元素停止运动。

■ 将小鸟的旋转角度设置为 0。因为小鸟可能是以各种角度撞死，"小鸟"面板停止循环之后，小鸟可能在各种角度上被停止，所以这里需要做一下"复位"。

■ 将"标题"面板的状态切换为"游戏结束"。

■ 显示"标题""记分牌""排名""开始"等在游戏过程中被隐藏的元件，以便玩家重新开始游戏。

（3）由于以上几步设置了很多新的变量和状态，所以"开始"按钮的事件用例也要跟着改变，如图 6-34 所示。

■ 隐藏"开始"页面上的元素。

■ 设置小鸟""地面""管道"3 个面板开始循环切换状态。

■ 将"标题"面板的状态切换为"开场标题"。

■ 设置 isdrop 等于 1。

■ 将管道和小鸟移回初始位置。

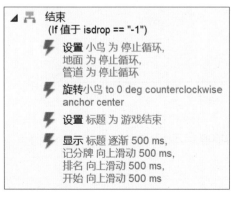

图 6-33　游戏结束

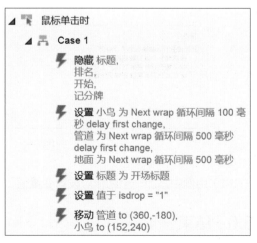

图 6-34　"开始"事件用例

6.5.7 得分

小鸟每穿过一次管道得 1 分。因为实际上小鸟一直在屏幕中间，没有左右移动，所以将判断得分的动作放在"管道"面板上较好。"管道"每次移动经过小鸟时加分。

（1）添加"得分"面板，如图 6-35 所示。用于在游戏过程中显示分数。

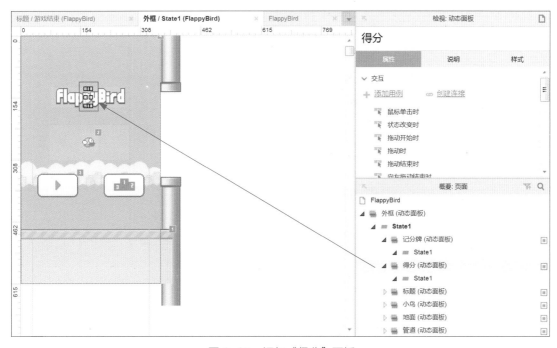

图 6-35 添加"得分"面板

（2）将"得分"面板中的文字元件命名为"分数"。将"记分牌"面板中的文字元件也命名为"分数"，如图 6-36 所示。

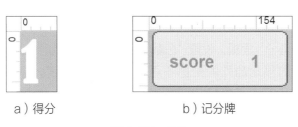

a）得分　　　　　　　b）记分牌

图 6-36 分数

🔔 提示：

分数可以使用一些显眼、花哨的字体，这样更便于玩家在玩游戏时查看。

（3）在"管道"面板的"状态改变时"事件中添加 3 个用例，如图 6-37 所示。

- 将原来的用例分成两个。以横坐标 -52 为界（管道宽度为 52，坐标为 -52 时，页面上刚好看不到管道），当小于 -52 时将管道移回初始位置。

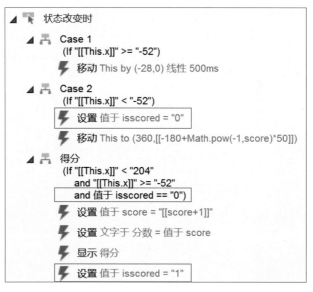

图 6-37　判断得分

- "得分"用例用来判断得分。由于 Axure RP 很难捕捉到管道刚好经过小鸟的那一瞬间，所以本例中用了一个取巧的方法来实现。
  - 只要管道移动到小鸟身后就算得分。小鸟的 x 坐标值为 204，管道的 x 坐标值小于 204，即可得分。但限制管道每次移动复位前只能得 1 分。得分之后即设置一个变量 isscored 为 1。
  - 当管道复位时，将 isscored 设为 0。
- 得分时设置一个变量 score 记录分数，每次得分时，设置 score 的值为上次 score 的值再加 1。
- 得分时，显示"得分"面板。设置"分数"元件上的文字为 score 的值。
- 注意 Case2 中的移动动作的坐标不再是 (360,-180) 了，纵坐标改为 [[-180+Math.pow(-1,score)*50]]。其中 Math.pow 是计算幂的函数。-1 的 score 次方在分数为奇数时等于 -1，在分数为偶数时为 1。所以这个表达式实际是在原来的坐标 -180 的基础上增加或减少 50，这样就使每次管道间隙出现的位置发生了变化，增加了游戏的随机性。

 提示：

这个用例比较复杂，请读者注意在"说明"中添加适当的解释。

（4）在第（3）步中引入了两个新的变量，需要在"开始"按钮的"鼠标单击时"事件中为其设置初始值，如图 6-38 所示。

图 6-38　设置初始值

（5）小鸟的"结束"事件用例中也需要随之更新，如图 6-39 所示。

■ 结束时设置"记分牌"中的分数元件上的文字为 score 的值。

■ 结束时隐藏"得分"面板。

图 6-39　"结束"事件用例

（6）预览原型。可以看到开始游戏后，每经过一个管道就加了1分。游戏结束时会显示总得分，如图6-40所示。

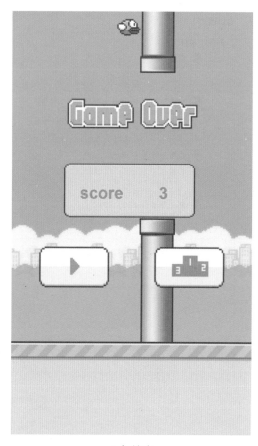

a）得分　　　　　　　　　　　　　　　　b）结束

图6-40　得分

07

第7章
带地图的原型

做基于地理位置的产品时，需要在原型中加入地图。如果地图的相关功能比较简单，可以用一张截图来示意。如果产品的核心功能是基于地图的，在原型中加入真实的地图效果会更好。一个可拖曳、缩放、点击的地图，能更好地体现产品功能，便于团队的沟通和理解。另外，原型更真实也便于产品经理更直观地体验功能流程，尽快发现产品中存在的问题。

7.1 地图开放平台

百度地图、高德地图等都有免费的开放平台，可以用来制作"带地图的原型"。可以先利用开放平台的接口做出需要的地图 HTML 页面，然后将地图 HTML 页面加入 Axure RP 生成的项目中即可实现一个"带地图的原型"。

下面以百度地图开放平台为例，介绍制作"带地图的原型"所需了解的相关概念。

7.1.1 接口

百度地图的开放平台提供了多种接口。在 HTML 文件中，按需求调用这些接口，就能做出符合需求的地图的 HTML 页面。

1. 开发平台

开放平台会提供 iOS、安卓、Web 等各种平台的接口。由于 Axure RP 生成的原型是网页形式的，所以要把地图页面加入到原型中，地图页面必须也是网页形式的。网页需要用 Web 接口来制作。后文用到的主要是用于 Web 开发的 JavaScript API。

2. 功能

百度地图开放平台支持地图展示、定位、导航、搜索等多种功能。原型不是真实的产品，产品经理也不需要掌握全部功能，只要理解基本的地图展示功能，以及在地图上添加覆盖物的功能，就足以实现各种原型了。

7.1.2 示例

下面是一个简单的地图页面的示例代码：

```
1  <!DOCTYPE html>
2  <html>
3  <head>
4  <meta name="viewport" content="initial-scale=1.0, user-scalable=no" />
5  <meta http-equiv="Content-Type" content="text/html; charset=utf-8" />
6  <title>Hello, World</title>
7  <style type="text/css">
8  html{height:100%}
9  body{height:100%;margin:0px;padding:0px}
10 #container{height:100%}
11 </style>
12 <script type="text/javascript" src="http://api.map.baidu.com/api?v=2.0&ak= 您
的密钥 ">
13 //v 2.0 版本的引用方式：src="http://api.map.baidu.com/api?v=2.0&ak= 您的密钥 "
14 //v 1.4 版本及以前版本的引用方式：src="http://api.map.baidu.com/api?v=1.4&key= 您
的密钥 &callback=initialize"
```

```
15 </script>
16 </head>

17 <body>
18 <div id="container"></div>
19 <script type="text/javascript">
20 var map = new BMap.Map("container");          // 创建地图实例
21 var point = new BMap.Point(116.404, 39.915);  // 创建点坐标
22 map.centerAndZoom(point, 15);      // 初始化地图，设置中心点坐标和地图级别
23 </script>
24 </body>
25 </html>
```

🔔 **注意：**

上面的这段代码还不能直接使用，读者需要在开放平台上注册并获取自己的密匙，然后用密匙替代代码中"您的密匙"文字。

替代密匙之后，把这段代码复制到记事本中并保存，将扩展名改为 .html。之后打开这个 HTML 文件就可以看到这个示例了，如图 7-1 所示。该示例是一个定位在天安门的地图。

图 7-1 示例

示例代码中的大部分代码是固定的格式，读者不需要理解，直接复制使用即可。

代码第 6 行中，<title> 和 </title> 是标题标签，标签之间是写标题的位置。示例的标题为"Hello, World"。

```
<title>Hello, World</title>
```

代码第 12 行为引用百度地图 API 文件。引用了 API 文件之后，才可以调用 API 接口。

```
<script type="text/javascript" src="http://api.map.baidu.com/api?v=2.0&ak=
您的密钥">
```

代码第 19 ~ 23 行中，<script type="text/javascript"> 和 </script> 之间是调用 JavaScript API 的地方。后文调用接口的代码都写在这里。

```
19 <script type="text/javascript">
20 var map = new BMap.Map("container");        //  创建地图实例
21 var point = new BMap.Point(116.404, 39.915);  //  创建点坐标
22 map.centerAndZoom(point, 15);     //  初始化地图，设置中心点坐标和地图级别
23 </script>
```

上面的代码中：

- 第 20 行创建了一个地图实例 map。
- 第 21 行创建了一个点 point，并给 point 赋了一个坐标值。该坐标值是天安门的经纬度坐标。
- 第 22 行调用了 map 的初始化方法，定位点设为 point，缩放级别设为 15。该行代码让地图显示出来。

7.1.3　设置控件

通过调用地图的 addControl 接口，可以控制地图上是否显示"缩放控件""比例尺控件"，如图 7-2 所示。

图 7-2　缩放控件

实现这个功能的代码如下：

```
map.addControl(new BMap.NavigationControl());
```

其中

- map：初始化的地图。
- addControl：用来添加控件。可以用来添加缩放控件、比例尺控件、缩略图控件等。
- NavigationControl：控件的形式。

如果制作的是网站原型，还可以让地图支持鼠标滚轮缩放操作。代码如下：

```
map.enableScrollWheelZoom();
```

enableScrollWheelZoom 用来开启鼠标滚轮操作。

7.1.4 地图风格

通过 setMapStyle() 方法可以控制地图的风格，让地图风格与产品类型相符。如图 7-3 所示为 midnight 风格的地图。

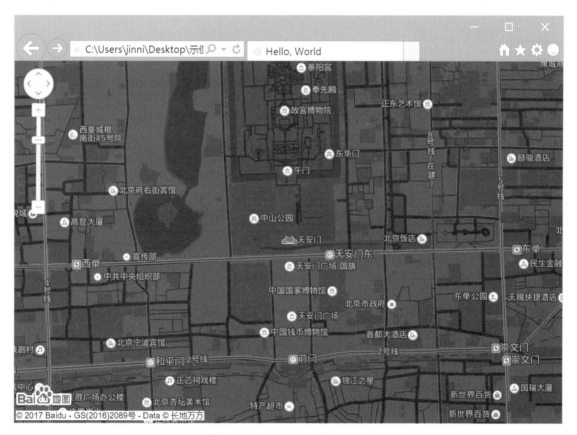

图 7-3 mindnight 风格的地图

实现图 7-3 的风格的代码如下：

```
map.setMapStyle({style:'midnight'});
```

其中

- setMapStyle：用来更改地图的风格。
- {style:'midnight'}：midnight 风格。

开放平台通常会提供多个模板，甚至会提供一些个性化编辑器，可以改变地图上的道路、标注、区划等元素的颜色和样式。

7.1.5　覆盖物

所有叠加或覆盖到地图的内容，统称为地图覆盖物，如标注、矢量图形、信息窗口等。覆盖物拥有自己的地理坐标，当拖动或缩放地图时，它们会相应地移动。

1．标注

添加标注的效果如图 7-4 所示。

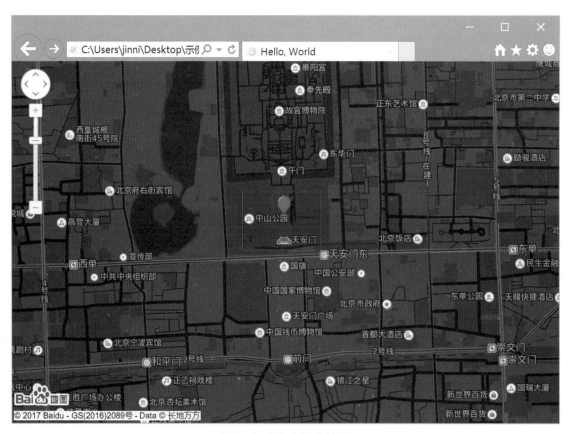

图 7-4　添加标注的效果

添加标注的代码如下：

```
var marker = new BMap.Marker(point);           // 创建标注
map.addOverlay(marker);
```

其中

- marker：是地图上的标注。创建时可以直接用坐标点 point 赋值。
- addOverlay：用来把标注 marker 添加到地图 map 上。

2. 图标

除了默认的标注外，还可以添加自定义的图标，如图 7-5 所示。

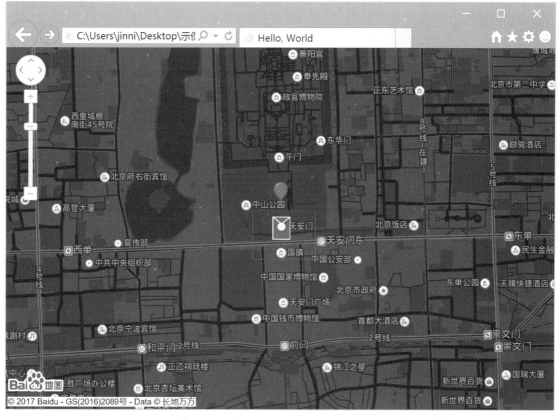

图 7-5　添加图标

预先准备好一张图片 hongbao.png（可以自己画或从实例
源文件中找到），如图 7-6 所示，然后将图片与 HTML 文件放
在一个目录中。

图 7-6　hongbao.png 图片

在 HTML 文件中添加如下代码：

```
var myIcon = new BMap.Icon("hongbao.png", new BMap.Size(24, 30)); // 创建图标
var marker = new BMap.Marker(point, {icon: myIcon});
```

```
map.addOverlay(marker);
```
其中

- myIcon：用 hongbao.png 创建的图标。创建时可以设置图标的大小。
- 本次创建 marker 时，设置了两个参数 point 和 {icon: myIcon}。设置这两个参数就不再创建默认标注，而是创建为自定义图标。
- 仍用 addOverlay 将 marker 添加到地图 map 上。

覆盖物不只是能看，还能响应鼠标单击事件，实现交互动作。后文案例中会有详细的说明。

7.1.6　信息窗口

信息窗口也是一种特殊的覆盖物，它可以展示更多文字或图片等富文本信息。如图 7-7 所示的窗口中显示了一行标题和一行正文。

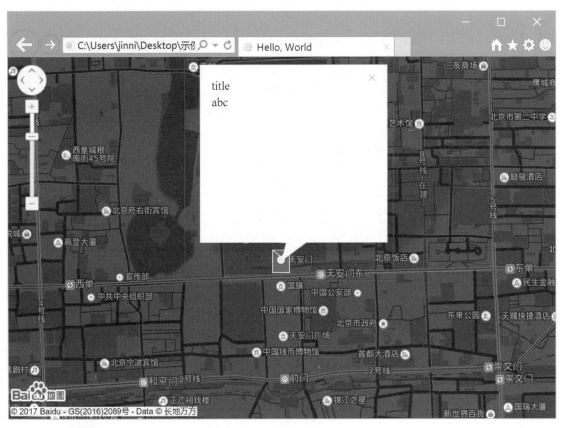

图 7-7　信息窗口

添加信息窗口的代码如下：

```
var opts = {
width : 200,                                                      // 信息窗口宽度
```

```
height: 200,                                          // 信息窗口高度
title : "title"                                       // 信息窗口标题
}
var infoWindow = new BMap.InfoWindow("abc",opts);     // 创建信息窗口对象
map.openInfoWindow(infoWindow, map.getCenter());      // 打开信息窗口
```

其中

- Opts: 是创建信息窗口时要用到的参数，包括宽度（width）、高度（height）、标题（title）
  等。

- infoWindow: 信息窗口。创建信息窗口时传入窗口上的"内容"信息和"参数"信息。本例中，
  信息窗口展示了文字 abc。信息窗口还可以展示 HTML 内容，例如图片、按钮等。后文案
  例中将会详细介绍。

- openInfoWindow: 用来在地图上打开信息窗口。打开时设定打开的位置为地图中心点。
  信息窗口可直接在地图上的任意位置打开，也可以在标注对象上打开。

🔔 提示：

同一时间只能有一个信息窗口在地图上打开。

7.2　案例 17：制作 LBS 应用"踩红包"的原型

下面以一个实际的项目为例，介绍如何制作地图页
面，如何将地图加入原型中。

本案例实现了一个红包平台。商户可以在地图的任
意位置发布红包。用户通过红包地图查看哪里有红包，
走到红包附近时可以领取，如图 7-8 所示。

7.2.1　初始化地图页面

首先新建页面文件，然后在页面中调用接口生成
地图，显示缩放控件、比例尺控件，设置地图的初始
定位。

（1）用任意工具创建地图 HTML 文件。最简
单的办法是新建一个笔记本文件，然后将文件名改为
map.html。

（2）在 map.html 中添加以下代码：

```
1 <!DOCTYPE html>
2 <html>
```

图 7-8　踩红包原型

```
3 <head>
4 <meta name="viewport" content="initial-scale=1.0, user-scalable=no" />
5 <meta http-equiv="Content-Type" content="text/html; charset=gb2312" />
6 <title>踩红包</title>
7 <style type="text/css">
8 html{height:100%}
9 body{height:100%;margin:0px;padding:0px}
10 #container{height:100%}
11 </style>
12 <script type="text/javascript" src="http://api.map.baidu.com/
api?v=2.0&ak=D15e2f4fe3ab2f4cb972fd2c9b1864ee">
13 </script>
14 </head>
15 <body>
16 <div id="container"></div>
17 <script type="text/javascript">
18 // 初始化
19 // 添加控件
20 // 添加信息窗口
21 // 添加覆盖物
22 </script>
23 </body>
24 </html>
```

该段代码与 7.1.2 节中基本一致,只在两个地方做了修改:

■ 在第 5 行将 charset(字符集)设为 gb2312。这是为了在地图中显示中文而重新设定了
页面使用的字符集。

■ 在第 6 行将页面标题设为"踩红包"。

(3)在注释"// 初始化"的位置,添加如下代码,初始化地图。与 7.1.2 节中的代码基本一致,
同样将地图中心定位在天安门附近。

```
var map = new BMap.Map("container");
var point = new BMap.Point(116.403, 39.914);
map.centerAndZoom(point, 15);
```

(4)在注释"// 添加控件"的位置添加代码:

```
map.addControl(new BMap.NavigationControl());
map.enableScrollWheelZoom();
map.setMapStyle({style:'googlelite'});
```

■ 前 2 行添加了缩放控件。

■ 第 3 行设置地图风格为 googlelite,这种风格去掉了地图上多余的地点信息,如图 7-9 所
示,让用户更专注于红包。

图 7-9　googlelite 风格

7.2.2　在地图上添加红包

前面介绍了如何在地图上添加一个红包。要做出一个"红包平台"原型，应该至少添加 100 个红包才够。添加多个红包要用循环语句，循环 100 次添加一个红包的过程。

（1）将添加一个红包的过程写成一个函数。在注释"// 添加控件"的位置添加代码：

```
1 function addMarker(point){
2 var myIcon = new BMap.Icon("hongbao.png", new BMap.Size(24, 30));
3 var marker = new BMap.Marker(point, {icon: myIcon});
4 map.addOverlay(marker);
5 }
```

其中

- 第 1 行代码创建了函数 addMarker()。大括号中都是函数的代码。该函数中有一个参数，用来设置红包的坐标点。
- addMarker() 函数中的代码与 7.1.5 节中一致，用图片 hongbao.png 在地图上创建了一个红包。

（2）用循环语句调用 100 次 addMarker() 函数。继续添加代码如下：

```
1 for (var i = 0; i < 100; i++) {
2 var point = new BMap.Point(116.354 + Math.random() * 0.1,
3                            39.855 + Math.random() * 0.1);
4 addMarker(point);
5 }
```

其中

- for 是循环语句。变量 i 从 0 开始累加，每次循环加 1，直到 i 加到 100，循环停止。
- 第 2、3 行代码是一个设置坐标点的语句。Math.random() 是一个 0，1 之间的随机数。这里设置了一个坐标值在 (116.354,39.855) 和 (116.454,39.955) 之间的随机点。
- 第 4 行代码将刚设置的随机点传给 addMarker() 函数，创建了一个随机位置的红包。

> 🔔 **提示：**
>
> 地图的初始定位点是（116.403, 39.914）。100 个（116.354，39.855）和（116.454，39.955）之间的点刚好覆盖了初始点周围的一片区域。演示原型时，上下左右拖曳地图都可以看到有红包自然分布在地图上。

7.2.3　在地图上添加信息窗口

在信息窗口中，可以用 HTML 语言写出复杂的样式，如图 7-10 所示。窗口中包含标题、正文、图片和按钮。

图 7-10　信息窗口

（1）在注释"// 信息窗口"的位置添加如下代码，用 HTML 语言写出窗口的样式。

```
1 var sContent =
2 "<h4 style='margin:0 0 5px 0;padding:0.2em 0'>到店领 9 元现金红包 </h4>" +
3 "<img style='float:right;margin:4px' id='imgDemo'
4  src='http://p1.meituan.net/460.280/deal/ 604e32e1e4f8f6e12adaa7bf-69c8127a144997.jpg' width= '139' height='104' title=' 火锅 '/>" +
5 "<p style='margin:0;line-height:1.5;font-size:13px'>地址：北京市东城区王府井大街 88 号乐天银泰百货八层 </p>" +
```

```
6 "<input type='button' value=' 查看红包 ' onclick='getmoney()'
7 style='background-color:#ffffff;border:1px solid #d65645;width:220px; height:38px;'/>"+
8 "</div>";
```

- 第 1 行代码创建了一个变量 sContent，用来记录描述信息窗口样式的 HTML 语句。
- 第 2 行代码设置标题的样式。
- 第 3、4 行代码设置了图片的样式。其中的链接是图片的 URL。
- 第 5 行代码设置了正文的样式。
- 第 6、7 行代码设置了按钮的样式。注意，其中有一个属性 onclick，表示按钮的"鼠标单击时"事件。鼠标单击时会调用 getmoney() 函数，这个函数在第（3）步中实现。
- 第 8 行是结束标志。

（2）继续添加如下代码，设置窗口的参数。

```
var opts = {width : 200,               // 信息窗口宽度
        title : " 海底捞王府井店 "       // 信息窗口标题
            }
```

该段代码与 7.1.6 节中的代码类似。这里没有设置信息窗口的高度，信息窗口会根据内容大小自动调整高度。

（3）继续添加如下代码，实现第（1）步中出现的函数。

```
function getmoney(){window.open("./ 海底捞王府井店 .html")}
```

- 函数中 window.open 用来在当前窗口打开新页面。
- "./ 海底捞王府井店 .html" 是新页面的位置和文件名。"./"表示在当前文件夹。后面的文件名是 Axure RP 原型生成的页面。在后面会介绍这个页面。

（4）继续添加如下代码，创建信息窗口。

```
var infoWindow = new BMap.InfoWindow(sContent, opts);  // 创建信息窗口对象
```

（5）在 addMarker() 函数中添加如下面红框中的代码。在"红包"的鼠标单击事件中，打开信息窗口。

```
function addMarker(point){
var myIcon = new BMap.Icon("hongbao.png", new BMap.Size(24, 30));
var marker = new BMap.Marker(point, {icon: myIcon});
marker.addEventListener("click", function(){
        map.openInfoWindow(infoWindow,point);
        });
map.addOverlay(marker);
}
```

其中

- addEventListener 用来设置发生触发事件时该如何响应。
- 首先传入 click 参数，表示下面将设置鼠标单击事件。
- 传入的两个参数是一个函数。函数的内容是打开信息窗口 infoWindow。

至此，地图页面已经写好了。在浏览器中可以预览地图页面的效果，如图 7-11 所示。在地图上自然分布着多个红包，点击红包后弹出信息窗口。

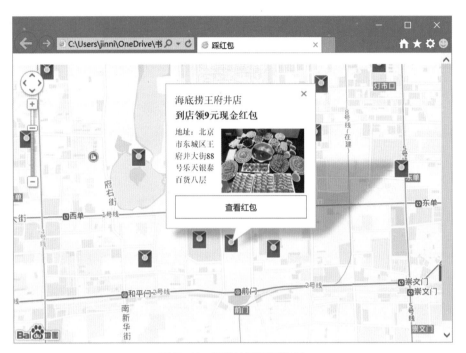

图 7-11　预览地图页面效果

7.2.4　整合发布

到这一步为止，已经做好了地图页面。要在原型中使用这个地图页面，还需要把地图页面整合到原型中。

（1）用 Axure RP 创建原型。先添加 3 个页面，如图 7-12 所示。

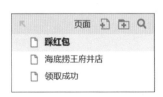

图 7-12　原型页面

（2）在"踩红包"页面中添加矩形元件摆出手机外框。再添加"内联框架"元件，如图 7-13 所示。

（3）设置内联框架的链接为"./map.html"，如图 7-14 所示。"./"表示当前文件夹。将前面写好的 map.html 文件复制到原型的目录下即可调用。

（4）在"海底捞王府井店"页面中添加元件，摆出红包的位置信息、活动介绍、领取人数等，如图 7-15 所示。应用前几章的方法，设置适当的交互效果，输入 4 位暗号后进入"领取成功"页面。具体设置方法不是本章重点，读者可以参考原型了解详情。

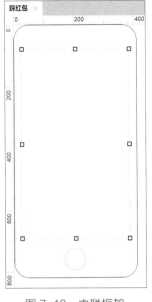

图 7-13　内联框架

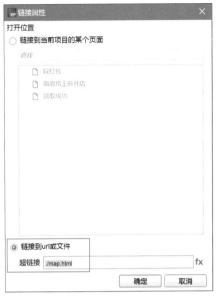

图 7-14　设置内联框架链接

（5）在"领取成功"页面添加"继续踩红包"按钮，点击该按钮后打开"踩红包"页面，完成原型流程的循环，如图 7-16 所示。

图 7-15　设置"海底捞王府井店"页面

图 7-16　"海底捞王府井店"页面

（6）在"发布"菜单中选择"生成 HTML 文件"命令，如图 7-17 所示。

（7）在生成的文件夹中，复制、粘贴 map.html 文件和 hongbao.png 文件，如图 7-18 所示。

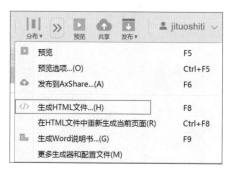

图 7-17　选择"生成 HTML 文件"命令

图 7-18　原型文件夹

地图页面与原型页面互相引用、相互跳转：

■　打开原型进入"踩红包"页面，页面中的内联框架引用了"地图"页面。

■　点击"地图"页面信息窗口中的"查看红包"按钮可以跳转到原型的"海底捞王府井店"页面。

将地图整合到原型里之后，打开原型文件即可查看原型。

08

第8章

响应式原型设计

响应式的网站是指网页的排版会根据户行为及使用的设备环境，如系统平台、屏幕尺寸、屏幕方向等进行相应的布局调整。

8.1　响应式设计

做到页面自动响应用户的设备环境，一个网站能够兼容多个终端——而不是为每个终端做一个特定的版本。

8.1.1　响应式设计介绍

例如，图 8-1 中就是一个响应式网站的原型。图 8-1a 是在 PC 上打开浏览器浏览原型的效果；图 8-1b 是缩小浏览器，模拟在手机上的浏览的效果。原型网页在浏览器宽度变窄后，自动改变了网页的布局。

- 顶部的分类隐藏到了右上角的更多按钮中。
- 多张图片变成了轮播图自动切换。
- 下方多个列表合并在一起。最终变成一个可以切换标签的单列表。

　　　　a）PC 端　　　　　　　　　　　　b）手机端

图 8-1　示例

8.1.2　为什么做响应式设计

最早，人们通常要为 PC 端和移动端等每种设备各做一套网站。有了响应式设计之后，人们只需开发一个网站，自动在不同设备上调整为不同的布局。

1.　体验更好

随着智能设备不断增加，让用户可以在不同设备上有连续完整的体验变得越来越重要。不同的终端上设计不同的布局和交互也成为了网站设计的最基本要求。现在已经很少有只适配一个终端的网站了。

2.　成本更低

由于互联网发展迅速，网页迭代很快，相比做两套版本，做一套响应式的网页会减少开发和后期维护成本。一般情况下，不值得花费大量时间做两套随时需要修改的页面。做两套版本对后端的扩展也会有更高的要求，可能会增加后端和服务器端的工作量。而且，响应式设计比较灵活，更容易为不断到来的新设备做设计和开发。

8.1.3　响应式设计思维

响应式设计不仅是一种技术更是一种思维方式。在设计产品时，需要从"交互、布局"两个方面考虑如何让产品适应不同的设备。

1.　交互

同一页面在不同类型的设备（手机、平板、笔记本电脑等）上，应该支持不同的操作方式（如鼠标和触屏），让用户在每种设备上都能使用符合习惯的交互方式。

- 移动端应该有足够大的按钮，供手指操作。
- PC 端上应该平铺多个按钮，用户可以用鼠标精准操作。
- 移动端应该支持手势操作，如侧边栏，左滑删除，下拉刷新等。
- PC 端可以支持鼠标悬浮操作。

2.　布局

页面上各模块在不同设备、不同分辨率上，应该有在不同的大小和比例。图片应该有不同的分辨率。

- 模块应该能够自动调整大小和间距，以填满整个页面。
- 当页面尺寸变动较大时，能够合并模块。
- 当页面尺寸变动较大时，隐藏正文预览、简介说明等较长的文本。
- 图片在比例发生变化时依然美观可用。
- 导航菜单保持逻辑清晰，同时部分菜单可隐藏或收起。

8.2　自适应视图

Axure RP 的"自适应视图"功能可以用来实现响应式设计。默认情况下，Auxre RP 的画布是没有高度和宽度限制的。使用"自适应视图"会以默认画布为"基类视图"，创建出同一个页面的子视图。

- 子视图会继承基类视图的元件。元件的图片、文本内容和交互动作必须与基类视图保持一致，但尺寸、位置、样式等可以不同。
- 子视图可以限制画布的高度和宽度。预览原型页面时，会根据浏览器的高度、宽度选择按哪个视图来显示。例如大于 1024×768 时显示基类视图，小于 1024×768 时显示子视图。

做响应式的原型时，可以先做好基类视图的布局，适配一个终端。然后在子视图中修改布局，适配另一个终端。这样，就能快速做出适配多个终端的原型。

8.2.1　添加子视图

下面介绍如何在自适应视图中添加子视图。

（1）在项目菜单中选择"自适应视图"命令，如图 8-2 所示。

（2）在弹出的"自适应视图"对话框中，可以看到基类视图的信息，包括名称和宽度、高度设置，如图 8-3 所示。

- 名称：默认为"基本"。一般用来标识基类视图适配哪个终端。
- 宽、高：基类视图是不限制宽度、高度的。这里的宽、高只影响画布上显示的辅助线。
- 预设：一些常用设备预设的名称与宽高。例如，高分辨率、平板横向/纵向、手机横向/纵向。

图 8-2　选择"自适应视图"命令　　　　图 8-3　设置基类视图信息

（3）单击添加（+）按钮，可以添加子视图，如图 8-4 所示。

- 名称：默认名称为"新视图"。
- 条件：限制视图大于等于或者小于等于某个分辨率。
- 宽、高：子视图的宽度、高度设置影响子视图的画布大小。可以只设置其中一个值。
- 继承于："新视图"继承于"基本"。子视图也可以再有子视图。在下拉列表框中可以选择基类视图或子视图。

（4）将"新视图"设为宽度小于等于 1024，单击"确定"按钮。

（5）在页面的"属性"标签中，勾选"启用"自适应复选框，如图 8-5 所示。

（6）启用自适应之后，在页面标签下方会看到切换视图的按钮，如图 8-6 所示。

- 蓝色代表当前视图。
- 黄色代表当前视图的子视图。

图 8-4　添加子视图

图 8-5　启用自适应

图 8-6　切换视图

8.2.2　继承

子视图会继承父视图中的元件。继承的元件有些情况下是同步修改的，有些情况下不是同步修改的。下面详细介绍两者的关系。

1. 父视图被修改，子视图随之修改

（1）在父视图"基本"中添加一个矩形，在子视图 1024 中会出现同一个矩形，矩形上的文字也相同，如图 8-7 所示。

a）父视图

b）子视图

图 8-7　添加元件

（2）在父视图"基本"中修改矩形的文字为2，在子视图1024中矩形上的文字自动变为2，如图8-8所示。

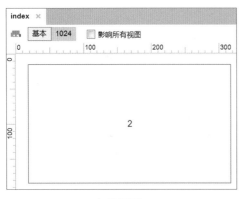
a）父视图

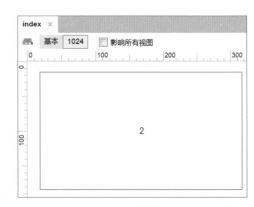
b）子视图

图8-8　修改文本

（3）在父视图"基本"中修改矩形的位置、尺寸，并设置填充色，如图8-9a所示。在子视图1024中的位置、尺寸、样式都随之改变，如图8-9b所示。

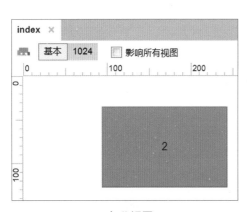
a）父视图

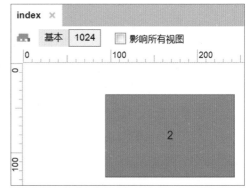
b）子视图

图8-9　修改位置、尺寸和样式

（4）在父视图"基本"中删除矩形元件，在子视图1024中也会自动删除矩形元件。

2．子视图中修改过的元件不再随父视图的修改而改变

（1）在父视图"基本"中添加矩形元件，然后在子视图1024中将矩形设置为绿色，如图8-10所示。

（2）在父视图"基本"中，缩小矩形的尺寸，向右下方移动矩形的位置，并将矩形设为红色。然后对比两个视图，如图8-11所示。可以发现子视图只有尺寸发生了改变，但样式和位置都没有随父视图的改变而变。

a）父视图　　　　　　　　　　b）子视图

图 8-10　修改子视图的颜色

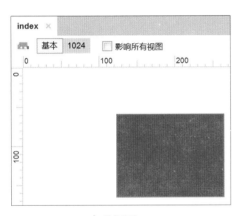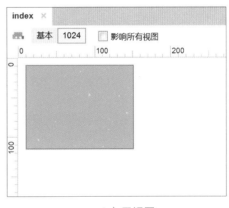

a）父视图　　　　　　　　　　b）子视图

图 8-11　修改父视图尺寸、位置和样式

（3）拉长子视图"1024"中矩形的宽度，再缩小父视图"基本"中矩形的宽度。对比两个视图，如图 8-12 所示。可以发现修改过子视图的宽度后，子视图的宽度不再随父视图的改变而改变了。

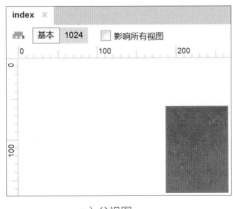

a）父视图　　　　　　　　　　b）子视图

图 8-12　修改两个视图的尺寸

3. 在子视图中修改样式，父视图不随之修改

（1）在父视图"基本"中添加矩形元件，然后在子视图"1024"中修改元件的位置、尺寸和样式，如图 8-13 所示。查看父视图，可以看到父视图没有变化。

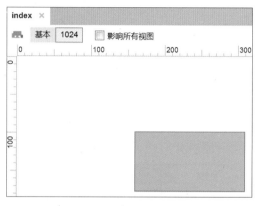

a）父视图 b）子视图

图 8-13　修改子视图位置、尺寸和样式

（2）在子视图"1024"中添加椭圆形元件。查看父视图"基本"，可以看到父视图没有变化，如图 8-14 所示。

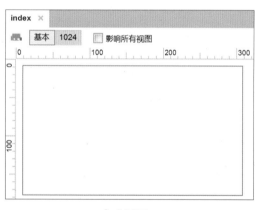
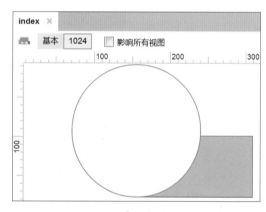

a）父视图 b）子视图

图 8-14　子视图添加元件

（3）删除子视图"1024"中的两个元件。查看父视图"基本"，可以看到父视图没有变化，如图 8-15 所示。

（4）查看子视图"1024"的元件地图。可以看到椭圆形元件已经被彻底删掉了，矩形变成红色，如图 8-16 所示。红色代表矩形元件存在于其他视图中，但在本视图中不显示。

（5）右击红色的矩形，在弹出的快捷菜单中选择"在视图中显示"命令，如图 8-17 所示。矩形会重新出现在子视图中，恢复到图 8-13b 所示的状态。

 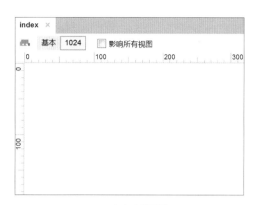

a）父视图　　　　　　　　　　　　　　　　b）子视图

图 8-15　删除子视图元件

图 8-16　子视图的元件地图　　　　　图 8-17　选择"在视图中显示"命令

4．在子视图中修改文字、交互，父视图随之修改

（1）继续上文案例，在子视图"1024"中的矩形上添加文字"123"。查看父视图"基本"，可以看到矩形的文字随之改变了，如图 8-18 所示。

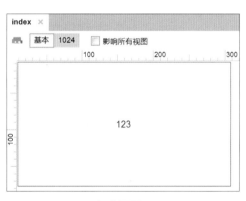 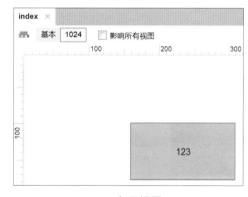

a）父视图　　　　　　　　　　　　　　　　b）子视图

图 8-18　在子视图中修改文字

（2）在子视图"1024"的"鼠标单击时"事件中添加用例 case1。查看父视图"基本"，可以看到矩形中也增加了用例 case1。

5．"影响所有视图"复选框

如果勾选了"影响所有视图"复选框，那么在子视图中的所有修改，父视图都会随之改变。

继续上文案例，勾选"影响所有视图"复选框后，将子视图"1024"中的矩形设为红色。查看父视图"基本"，可以看到矩形随之变为红色了，如图 8-19 所示。

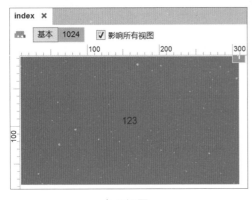
a）父视图

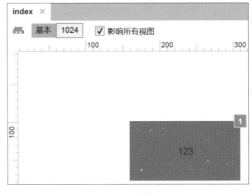
b）子视图

图 8-19　在子视图中修改颜色

8.3　案例 18：响应式网站

下面以一个实际项目为例，介绍 8.1.1 节中的网站如何实现。

- 利用自适应视图实现响应式网站原型。在原型宽度大于 1000 像素时，使用适用于 PC 端的布局，如图 8-20a 所示。在原型宽度小于 1000 像素时，使用适用于移动端的布局，如图 8-20b 所示。
- 通过设置动作，让原型页面上的元件随浏览器窗口大小自动调整宽度。窗口宽时，元件宽，如图 8-20b 所示；窗口窄时，元件窄，如图 8-20c 所示。

a）宽度 1200 像素

b）宽度 800 像素　　　　c）宽度 600 像素

图 8-20　案例效果

8.3.1　自适应视图改变布局

本例中，视图的整体规划是在基类视图中制作 PC 端的布局。在自适应视图中添加子视图，在子视图中制作移动端的布局。

（1）在新建原型中，设置自适应视图，如图 8-21 所示。

- 添加"基本"视图的子视图，名称为"移动端"。
- 条件为宽度小于等于 1000 像素。

（2）设置完成后，在 Axure RP 中可以看到两个切换视图的按钮"基本"按钮和"1000"按钮。

（3）在"基本"视图中，添加元件组成一个网站原型，如图 8-22 所示。将"基本"视图的宽度控制在 1000 像素以内。

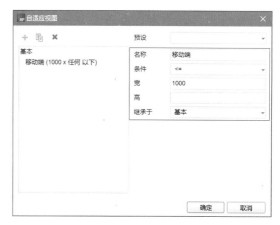

图 8-21　设置自适应视图

图 8-22　"基本"视图

- 标题栏：背景用动态面板实现。设置面板的背景色为白色，然后设置面板为 100% 宽度。这样标题栏的宽度会随窗口的宽度而变化。
- 热点图片：不直接添加图片而是添加动态面板，然后设置图片为背景图片。这样方便后续对图片的修改。
- 快捷消息：用前文案例中的方法设为可切换的标签页。
- 新闻列表：添加新闻图片、标题、作者、时间和预览等信息。

（4）在"1000"视图中，修改页面布局，如图 8-23 所示。

- 化简标题栏：删除标题栏上多余的按钮。窗口比较窄时，只保留搜索和"更多"按钮。将"搜索"按钮和"更多"按钮组合，并命名为"搜索＆更多"。
- 添加列表分类：将快捷消息与新闻列表合并。删除原来的快捷消息，添加 4 个矩形元件，代表包括快捷消息在内的 4 个分类。在矩形上填写分类名。将 4 个标签分别命名为"标签 1""标签 2""标签 3""标签 4"。
- 放大热点图片：窗口比较窄时，只保留一张热点图片即可。删除其他图片，将留下的面板命名为"热门图片 1"。将面板中的文字命名为"热门标题 1"。
- 化简新闻列表：拉长列表的宽度。删除列表中的正文预览信息。将背景框分别命名为"新闻 1""新闻 2""新闻 3"。将标题分别命名为"标题 1""标题 2""标题 3"。
- 所有元素都要保持在边界以内，否则用户看不到。

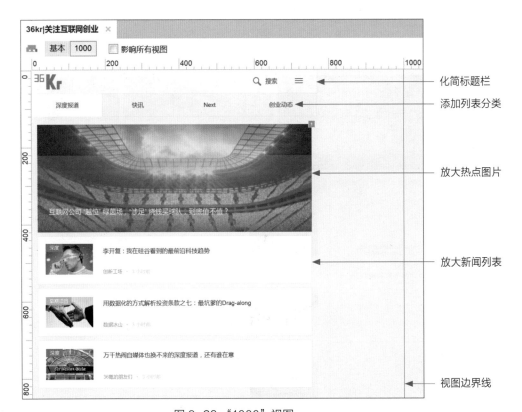

图 8-23 "1000"视图

（5）预览原型。调整窗口大小，可以看到窗口宽度大于 1000 像素或小于 1000 像素时，页面的布局是不同的。

8.3.2　窗口改变时调整元件宽度

在窗口宽度不同时，PC 端页面上的元件保持在页面上居中即可。移动端页面上的元件最好能根据窗口宽度不同而改变自身宽度。

1."基本"视图

"基本"视图是 PC 端的布局。只要设置页面排列方式，即可保持元件在页面上居中显示。

（1）设置页面排列方式为居中，如图 8-24 所示。

图 8-24　设置页面排列

（2）这样，在窗口宽度大于 1000 像素时，标题栏背景会随页面宽度变化而变化，页面其他元素会始终保持居中，如图 8-25 所示。

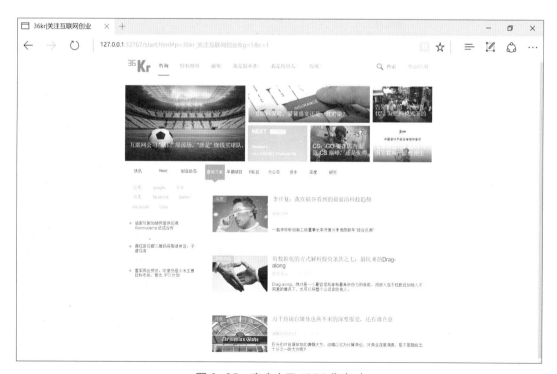

图 8-25　宽度大于 1000 像素时

2."1000"视图

"1000"视图是移动端布局。要实现元件宽度的动态变化，需要在窗口宽度变化的触发事件中，设置改变元件尺寸的动作。

（1）在"1000"视图中，找到"窗口尺寸改变时"事件。在事件中添加条件：自适应视图等于"移动端"，如图 8-26 所示。

🔔 **提示：**

页面的交互动作在父视图和子视图中是保持一致的。如果希望交互动作只针对某个视图生效，就需要在用例的条件中限制视图。

图 8-26 窗口尺寸改变时

（2）在用例中添加动作——设置元件尺寸，如图 8-27 所示。

图 8-27 设置热点图片宽度

- 将"热点图片 1"的宽度设为 [[Window.width-30]]，即窗口宽度减 30。"热点图片 1"初始横坐标值为 15。设置了宽度之后，"热点图片 1"会处于页面中央，距离窗口左右边缘各 15 像素。
- 将"热点图片 1"的高度设为 279，即保持初始高度不变。

- "热点图片 1"是一个动态面板。它的背景图片设为"填充"模式时，会随着面板的大小自动调整背景图片的大小。
- 将"热点标题 1"的宽度设为 [[Window.width-90]]，即"热点标题 1"会加宽到距离窗口边缘各 45 像素。
- 将"热点标题 1"的高度设为 21，即保持初始高度不变。

 提示：

Window.width 变量等于窗口的宽度。

（3）预览原型。改变窗口宽度时，热点图片的宽度会随着窗口改变而改变，热点图片始终保持距离窗口左右边缘各 15 像素，如图 8-28 所示。

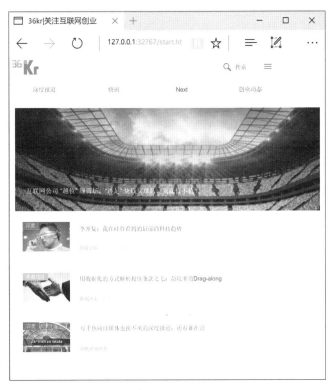

图 8-28　设置热点图片的尺寸

（4）按同样的方法，设置"新闻 1""新闻 2""新闻 3"和"标题 1""标题 2""标题 3"的尺寸，如图 8-29 所示，保证这些元件随窗口宽度而变化。

- 新闻背景框的宽度设为 [[Window.width-30]]。30 是初始横坐标 15 加上距离右边 15 像素得到的。这样保证了新闻背景框的宽度与热点图片相同。
- 标题的宽度设为 [[Window.width-215]]。215 是初始横坐标 195，加上距离窗口右边缘

15 像素，再加上距离新闻背景框右边缘 5 像素得到的。这样可以保证标题始终在新闻背景框内，且随着窗口变化而改变宽度。

（5）标题需要设为"自动调整文本高度"，但不需"自动调整文本宽度"，如图 8-30 所示。这样在标题宽度改变之后，如果标题中的文字一行显示不下，则会自动换行。

> **提示：**
>
> 文本元件的边缘为黄色，表示元件会在这个方向上根据内容自动调整；
>
> 文本元件的边缘为白色，表示元件在这个方向上固定长度。
>
> 例如，图 8-30 中的文字纵向会自动调整大小，横向是固定的。

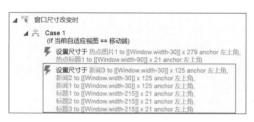

图 8-29　设置新闻列表的尺寸　　　　　　　图 8-30　标题自动调整文本高度

（6）标签的尺寸设置完成之后，还要将标签移动到新的位置，如图 8-31 所示。

■ 将标签宽度设为 [[Window.width/4]]，即 1/4 窗口宽度。4 个标签刚好填满整个窗口。

■ 不移动"标签 1"，将"标签 2"移动到 1/4 窗口宽度的位置，将"标签 3"移动到 2/4 窗口宽度的位置，将"标签 4"移动到 3/4 窗口宽度的位置。

（7）移动"搜索""更多"按钮，如图 8-32 所示。让两个按钮始终保持在横坐标为 [[Window.width-170]] 的位置使两个按钮始终与窗口右边缘保持固定距离。

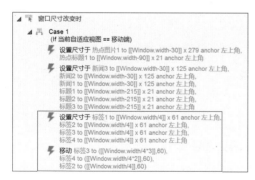

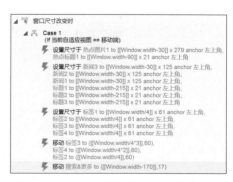

图 8-31　标题自动调整文本高度　　　　　　图 8-32　移动"搜索""更多"按钮

（8）预览原型。可以看到原型在宽度 1000 像素以上时，布局为"基本"视图样式。宽度在 1000 像素以下时，布局为"1000"视图样式，而且视图中所有元件都会自动调整、适应窗口的大小。

09

第 9 章

手机上可访问的原型

Axure RP 原型一般在计算机上展示。如果要做的产品是手机 APP，或基于微信公众号的 H5 页面等，让原型在手机上展示会更直观、更方便。要让原型能在手机上访问，需要满足以下两个条件：

- 原型的尺寸合适，方便在手机上查看。
- 生成分享链接，手机可以直接打开。

9.1 让原型适应手机尺寸

想让原型在手机上以合适的尺寸展示，需要在制作原型前就规划好原型的尺寸。还要设置合适的"视口标签"，让手机浏览器以合适的缩放比例打开原型。

9.1.1 设置适应手机的原型尺寸

手机的分辨率与 Axure RP 原型的宽度、高度不是一一对应的。要理解这个问题，首先要理解以下两个概念。

- 物理分辨率：是指手机屏幕最高可显示的像素数。人们常说的手机分辨率说的就是手机的物理分辨率。
- 逻辑分辨率：是指软件的分辨率。市面上各种手机的物理分辨率千差万别，但逻辑分辨率只有相同的几种。相关人员做软件时只需按少数几种逻辑分辨率来设计。软件运行时系统会自动渲染，将逻辑分辨率大小的界面填满物理分辨率大小的屏幕。

Axure RP 中，原型的宽度、高度对应的是逻辑分辨率。在做原型前，可以先查好目标设备的逻辑分辨率，再按照逻辑分辨率制作原型。一般，将原型的宽度控制在 360 像素左右即可适配大多数手机。

> 🔔 提示：
>
> 在第 8 章中讲的一些技巧，如将标题栏动态面板设置为 100% 宽度、动态设置列表宽度为 [[window.width]] 等，可以应用在这里，让适配更精准。

9.1.2 通过视口标签，让原型自适应浏览器

浏览器打开网页时，会形成一个虚拟的窗口，网页按自身分辨率被装入这个窗口。当网页大于浏览器时，用户可以通过平移和缩放来查看网页的其余部分。这个窗口叫做"视口"。

视口有"视口标签"，可以设置缩放规则。例如，通过设置视口标签，可以让视口的宽度等于浏览器的宽度，用户可以不用手动缩放，可以直接看到最佳显示效果。

下面介绍如何在 Axure RP 中设置"视口标签"。

（1）单击"发布"按钮，在弹出的菜单中选择"预览选项"命令，如图 9-1 所示。

（2）在弹出的"预览选项"对话框中，单击"配置"按钮，如图 9-2 所示，进入编辑配置文件的界面。配置文件是用来控制"生成 HTML 文件"策略的。Axure RP 中默认的配置文件名称为"HTML 1"。

（3）在"生成 HTML<HTML 1>"对话框中，选择左侧导航中的"移动设备"选项。在右侧页面中可以看到视口标签的选项设置，如图 9-3 所示。

图 9-1　选择"预览选项"命令

图 9-2　"预览选项"对话框

图 9-3　视口标签的选项设置

■ 宽度：控制"视口"的宽度。可以填写一个固定数值，如 600（单位是 px，是物理分辨率）。默认选项为 device-width，表示将宽度设为设备的宽度。

- 高度：控制"视口"的高度。通常原型各页面的高度都不同，所以通常不设置高度。
- 初始缩放倍数：控制页面加载出来时，默认以什么缩放比例显示。默认选项为 1，一般不用改。
- 最大缩放倍数：允许用户缩放的最大比例。一般不用填，不做限制。
- 最小缩放倍数：允许用户缩放的最小比例。一般不用填，不做限制。
- 允许用户缩放：控制用户是否可以手动缩放。如填 no 表示不允许，如不填表示允许。一般不填，允许用户可以手动微调。

9.2　生成分享链接

查看原型有多种方法，其中以下两种方法只能在计算机上用。

- 预览功能：自动打开一个本地网址，查看原型。
- 用发布功能生成 HTML 文件，直接打开 HTML 文件查看原型。

在手机上查看原型，需要以下几步：

（1）生成 HTML 文件。

（2）将 HTML 文件保存到服务器上。

（3）获取服务器的网址。

（4）在手机上打开网址查看原型。

9.2.1　注册 Axure Share 账号并分享原型

Axure 公司有一个原型分享平台 Axure Share。Axure RP 软件自带上传原型到 Axure Share 的功能。使用这个功能，会自动生成 HTML 文件，并上传到 Axure Share 平台的服务器上，最后返回服务器上原型的网址，这个网址可以直接在手机上访问。（Axure 公司自身升级换代，以前是 Axshare，现在是 Axure Share）

下面介绍使用 Axure Share 的方法。

（1）使用 Axure Share 之前，需要拥有一个 Axure RP 的账户。在菜单栏中单击"账户"，在弹出的菜单中选择"登录你的 Axure RP 账号"命令。在弹出的对话框中，可以注册或登录 Axure RP 账户，如图 9-4 所示。注册流程与其他网站类似，这里不再赘述。

（2）登录 Axure RP 账户之后，单击"发布"按钮。在弹出的菜单中选择"发布到 AxShare"命令，如图 9-5 所示。

（3）在弹出的对话框中，可以编辑配置文件。创建新项目时还可以进行如下设置，如图 9-6 所示。

- 名称：可以设置原型项目在 Axure Share 平台上的名称。
- 密码：可以给原型加密码。密码需超过 4 位。加密原型分享给别人后，别人需要输入密码才能访问。

图 9-4　登录账户

图 9-5　选择"发布到 AxShare"命令

■ 文件夹：可以将原型放在不同的文件夹中。在原型比较多时，方便分类整理。

（4）输入好名称等信息后，即可发布。发布的过程包含上传原型文件到 Axure Share 服务器的过程，可能较慢。发布成功之后，弹出发布成功对话框，如图 9-7 所示。窗口中的链接就是原型的地址。

图 9-6　创建新项目

图 9-7　发布成功

 提示：

原型地址的前缀就是原型在 Axure Share 平台上的项目 ID。

（5）如果修改了原型，可以将最新的原型更新到 Axure Share 平台。重复第（2）步，再次进入"发布到 Axure Share"对话框，如图 9-8 所示。已发布的项目会自动选择"替换现有项目"选项，项目 ID 会自动填写。

图 9-8　替换现有项目

（6）替换成功后，Axure Share 平台会更新原型，但原型的网址不会改变。

9.2.2　利用"新浪云"自建原型服务器

由于 Axure Share 的服务器在国外，访问 Axure Share 上的原型，加载速度比较慢。如果原型比较大时，加载速度问题就更严重。为了解决这个问题，可以自己建立一个服务器，将原型上传到自建的服务器上，这样查看原型会更流畅。

近年来，云服务商越来越多，自己搭建服务器也成了一件可以"一键搞定"的事。以"新浪云"为例，搭建服务器只需如下几步：

（1）注册成为"新浪云"开发者。

（2）进入云应用的控制台，如图 9-9 所示，单击"创建新应用"按钮。

图 9-9　云应用控制台

（3）按提示步骤创建一个新的 PHP 空应用，如图 9-10 所示。这里的"应用"指的就是一个自带常用功能的服务器。

图 9-10　创建应用

（4）进入刚创建的应用主页，在"应用"菜单中找到"代码管理"选项，如图 9-11 所示。

（5）在弹出的"代码管理"界面中，创建一个版本，如图 9-12 所示。因为我们不是用来研发的，所以创建一个版本就够用了。

图 9-11　"代码管理"选项　　　　　　　　　　　　图 9-12　创建版本

（6）回到"代码管理"界面，如图 9-13 所示。

图 9-13　"代码管理"界面

- 单击"上传代码包"，即可上传 Axure RP 生成的 HTML 文件的压缩包。
- 单击"编辑代码"，即可查看已上传的文件。

（7）单击"编辑代码"，进入代码页面。页面左侧就是上传的文件夹和 HTML 文件。右击原型的 index.html 文件，即可打开网址，查看原型，如图 9-14 所示。

🔔 提示：

这种方式生成的原型网址＝云应用的网址＋原型文件夹名称＋原型文件名称。

如果原型项目是用中文命名的，那么原型网址中就可能带有中文。带中文的网址不方便分享，所以推荐大家用英文命名原型项目。

如果一定要用中文命名，最好将网址转换为"短链接"，再与他人分享。

图 9-14　访问原型

9.3　案例 19：H5 小测试——色彩感觉心理测试

用 H5 小游戏做营销活动已经十分普遍了。因此设计 H5 小游戏成为了产品经理常会遇到的任务。由于 H5 小游戏主要是运行在手机上的，所以很适合做成手机可访问的原型。

下面以"色彩感觉心理测试"为例（如图 9-15 所示），介绍如何设计手机上可以访问的原型。

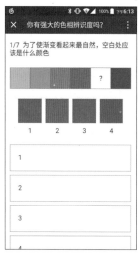

a）做测试题

b）测试结果

图 9-15　原型效果

9.3.1　制作测试题

测试原型一般由"做测试题"和"测试结果"两部分组成。用户在"测试题"部分查看题目，选择选项，在"测试结果"部分根据用户选择显示结果。

（1）在原型中分别创建两个页面，如图 9-16 所示。

🔔　**提示：**

页面的标题会显示在浏览器的标题栏中，如图 9-17 所示。页面标题也是产品的一部分，需要花心思设计这里的文案。

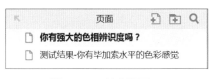

图 9-16　创建页面

图 9-17　页面标题

（2）做测试题时，应该尽快响应用户的点击操作，让做题过程更流畅。最好不要每做一道题就加载一个新页面，可以用动态面板来实现题目的切换，如图 9-18 所示。创建动态面板"题目"，"题目"面板中放置相关的信息，宽度控制在 360 像素以内。

（3）在"题目"面板中，添加 7 个状态，每个状态对应一道题目，如图 9-19 所示。

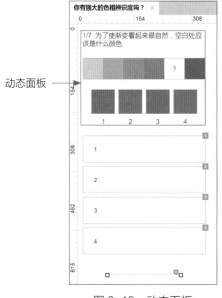

图 9-18　动态面板

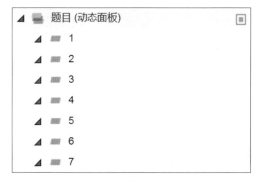

图 9-19　"题目"面板

（4）在选项按钮的属性标签中，选择"鼠标按下"的交互样式设置，给按钮设置点击状态，如图 9-20 所示，鼠标按下时改变字色、边缘线颜色和填充色。

（5）在选项按钮的"鼠标单击时"事件中添加两个用例，如图 9-21 所示。

■ 用例 1 的条件是"题目"面板状态等于"7"，即用户已经做到最后一题。用例中设置打开链接动作。用户做完最后一题立即跳转到"测试结果"页面。

■ 用例 2 的条件是 If True，也就是所有情况下都要执行用例 2。在用例中添加动作设置面板状态。每次用户点击选项后，都将"题目"面板切换到下一个状态，看下一道题。

（6）设置"页面排列"方式为"居中"。

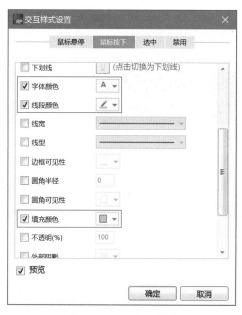

图 9-20 设置交互样式

图 9-21 "鼠标单击时"事件用例

> 🔔 提示：
> 　　本页面在手机上查看时，最后一个选项紧贴着屏幕底部，比较难看。可以在最后一个选项下方添加一个透明的水平线元件。相当于在页面底部增加了一段空白区域，看起来更美观。

9.3.2　制作测试结果

本例中没有记录用户的选择，所以不根据选项显示测试结果，只显示一个固定的结果页面作为示意。

（1）在测试结果页面中，添加图片和文字元件组成结果说明，宽度控制在 360 像素以内。

（2）设置"页面排列"方式为"居中"方式。

（3）在页面底部添加"再试一次"按钮，在按钮的"鼠标单击时"事件中添加动作打开链接，当用户点击该按钮时跳转回做题页面，如图 9-22 所示。

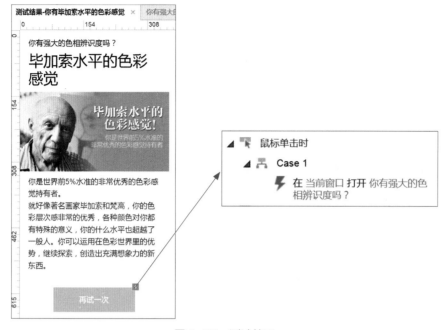

图 9-22　测试结果

9.3.3　设置视口标签

制作出原型页面后，开始设置视口标签。本例中没有特殊的缩放需求，按 9.1.2 节中的默认设置即可。

（1）单击"发布"按钮，在弹出的菜单中选择"预览选项"命令。

（2）在弹出的"预览选项"界面中，单击"配置"按钮，打开配置界面。

（3）勾选"包含视口标签"复选框，并将"宽度"设为 device-width，"初始缩放倍数"设为 1.0，如图 9-23 所示。

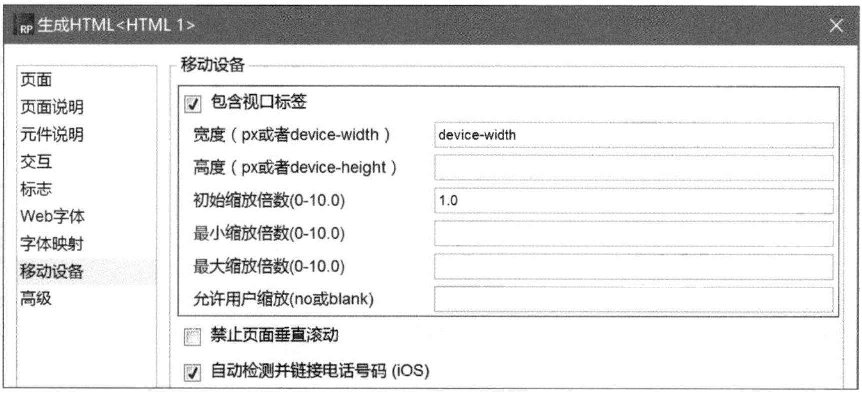

图 9-23　设置视口标签选项

9.3.4 发布

设置好原型尺寸与视口标签后，原型制作部分就完成了。将原型发布到 Axure Share 平台即可获得能在手机上打开的分享链接。

（1）单击"发布"按钮，在弹出的菜单中选择"发布到 AxShare"命令。

（2）在弹出的对话框中，选择"创建一个新项目"单选按钮，项目名称设置为"色彩测试"，如图 9-24 所示。

（3）单击"发布"按钮，获得原型链接，如图 9-25 所示，勾选"不加载工具栏"复选框。

图 9-24 创建新项目

图 9-25 原型链接

（4）复制生成的链接发给自己，打开链接即可查看原型。

> **🔔 提示：**
>
> 在浏览器中打开原型链接时，利用浏览器的"添加到主屏幕"功能，可以将原型保存到手机桌面上，以后可以随时打开查看。
>
> 桌面上原型的图标可以通过"HTML1 配置"｜"移动设备"｜"导入主屏图标"功能进行设置。

10

第 10 章

母版

如果原型中有多个页面都要用到某个相同的模块，则可以把这个模块做成母版。需要用到这个模块时，直接把母版插入到页面中即可。

相比直接在各个页面复制、粘贴元件，使用母版可以做到统一管理，重复使用。修改母版时，所有用到该母版的页面都会随之自动改变，省去了逐个修改的麻烦。

10.1 创建母版

创建母版有两种方法——在母版栏直接添加，或者将元件转换为母版。有经验的设计者一般用第一种方法，没有经验的设计者都是在原型设计过程中才发现有些元件可以转换为母版。

10.1.1 在母版栏直接添加

添加母版与添加页面类似。母版较多时可以新建文件夹，按文件夹给母版分类。母版再多时，可以通过搜索功能搜索要查找的母版。

（1）在母版栏单击"添加母版"按钮，如图 10-1 所示，即可创建母版。

（2）双击母版名称即可进入母版页面，如图 10-2 所示。

图 10-1　添加母版

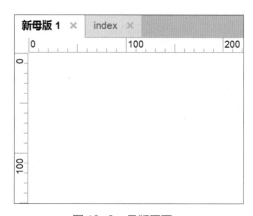

图 10-2　母版页面

（3）在母版页面中，可以任意添加、修改元件。

（4）母版页面只有"属性""说明"标签，没有"样式"标签，如图 10-3 所示，所以在母版中不能设置页面样式。

图 10-3　母版页面

10.1.2　将元件转换为母版

将元件转换为母版与转换为动态面板类似，但母版需要进一步设置名称和拖放行为。而且母版中元件的交互动作也会受到影响。

（1）选择元件，右击，在弹出的快捷菜单中选择"转换为母版"命令，如图 10-4 所示。

（2）在弹出的对话框中可以设置母版的名称及母版的拖放行为，如图 10-5 所示。

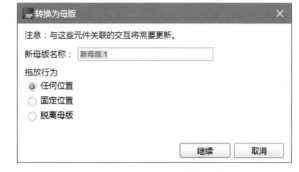

图 10-4　选择"转换为母版"命令　　　　图 10-5　"转换为母版"对话框

 提示：

在 Axure RP 中剪切一个元件，不论是否粘贴回来，所有引用这个元件的动作都会失效。

将元件转换为母版时，所有引用这个元件的动作也会失效。可能是在转换时，将元件剪切、粘贴到新的母版中导致的。

将元件转换为动态面板时，没有经历剪切的过程，不会导致引用这个元件的动作失效。

10.2　使用母版

一般，直接拖曳母版即可把母版添加到画布上。本节主要介绍母版的不同拖放行为，以及如何查看使用情况。

10.2.1　拖放行为

将母版从母版栏拖曳到画布上时，根据不同的设置有不同的行为。

在母版上右击，在弹出的快捷菜单中，可以看到母版的拖放行为有 3 种，如图 10-6 所示。

- 任意位置：母版拖到画布上之后，可以任意拖动改变位置。
- 固定位置：母版拖到画布上之后，不能拖动，只能留在创建母版时母版所在的固定位置。
- 脱离母版：母版拖到画布上之后，分散成一个个元件，不以母版形式留在画布上。

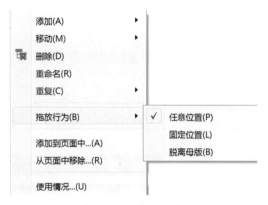

图 10-6　拖放行为

10.2.2　使用情况

在母版上右击,在弹出的快捷菜单中选择"使用情况"命令。在弹出的对话框中可以看到哪些页面使用了该母版,如图 10-7 所示。

删除母版时,如果母版正被使用,也会弹出类似的窗口,如图 10-8 所示。正在使用中的母版无法删除。

图 10-7　母版使用情况 1

图 10-8　母版使用情况 2

10.3　案例 20：利用母版,解决"积分商城"的重复建设

在页面较多的原型中,常常要用到母版。例如,电商网站中的顶部导航栏、页面底部栏在各个页面中都是相同的,如图 10-9 所示。

图 10-9　电商网站原型

下面以一个积分商城为例，介绍这类原型如何利用母版提高效率。

10.3.1　导航栏

导航栏十分常见，常用于展示网站的所有分类。网站的首页、分类页等许多页面都需要导航栏，以便用户随时访问其他类别的资源。

（1）用矩形和文字元件在页面顶部摆好导航栏，如图 10-10 所示。

图 10-10　导航栏

（2）将组成导航栏的元件一起转换为母版，如图 10-11 所示。将母版命名为"导航栏"，导

航栏始终保持在页面顶部，所以可以将母版的拖放行为
设置为"固定位置"。

（3）双击"导航栏"母版，进入母版页面。在分
类按钮上添加热区元件，如图 10-12 所示。

（4）在热区的"鼠标单击时"事件中添加动
作——打开链接，如图 10-13 所示，并设置链接到相
应的页面上。

图 10-11　母版

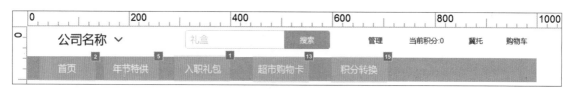

图 10-12　导航栏

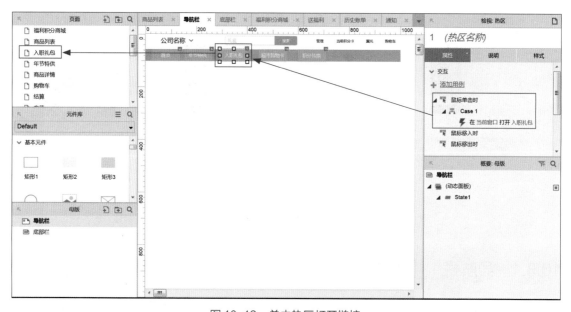

图 10-13　单击热区打开链接

（5）这样，在任意页面上单击导航栏上的分类，都能跳转到该分类的页面。

10.3.2　弹出菜单

导航栏中如果有二级分类，或常用功能需要一个快速访问的列表，那么可以在导航栏中添加
弹出菜单，展示二级分类或快速列表。本例中用弹出菜单做了一个购物车的商品列表。

（1）在母版中用矩形、文字、图片元件组成购物车弹出菜单，如图 10-14 所示。

（2）将组成购物车菜单的元件一起转换为动态面板，将其命名为"购物车"并设为隐藏，

如图 10-15 所示。在"购物车"按钮处添加热区元件。

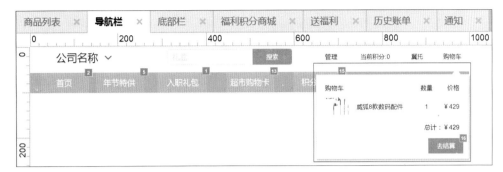

图 10-14　购物车菜单

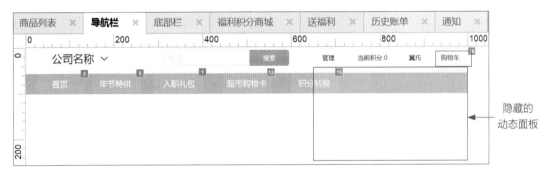

图 10-15　隐藏面板

（3）在热区的"鼠标单击时"事件中添加动作——显示，显示"购物车"面板。在"更多选项"中选择"弹出效果"，如图 10-16 所示。弹出效果会自动将面板置于顶层，不被页面上其他元件所遮挡。

图 10-16　选择"弹出效果"

（4）这样，在任意页面上单击购物车按钮，都会在弹出购物车菜单。鼠标光标移开后，菜单即消失。

10.3.3　底部栏

底部栏通常用于放置服务协议、联系方式和版权说明等信息。网站中几乎所有的页面都需要底部栏以便用户随时查看这些信息，并声明每一页的版权。

（1）在底部栏母版中添加元件即可，不需要设置交互动作，如图 10-17 所示。

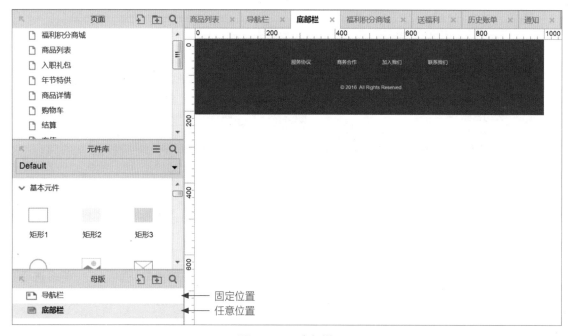

图 10-17　底部栏

（2）注意底部栏在各个页面上的位置可能不同，所以要将母版的拖放行为设为"任意位置"。

 提示：

在母版列表中，不同拖放行为的母版，其图标是不同的。

10.3.4　使用母版

下面来看看将已做好的母版"导航栏""底部栏"用在原型中的效果，再预览原型查看母版的交互效果。

（1）直接将母版拖曳到各个页面的画布上即可使用该母版，如图 10-18 所示。

提示：

"顶部栏"是固定位置的。选中"顶部栏"时，母版会显示红色的边缘线，提示无法改变母版的位置。

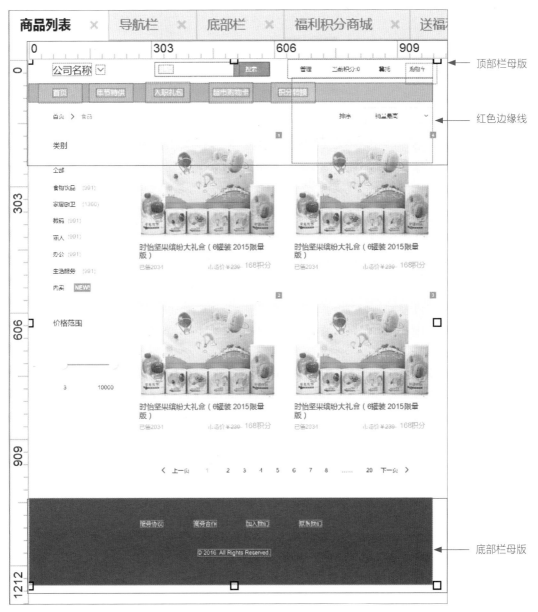

图 10-18　使用母版

（2）预览原型时，单击购物车按钮，会弹出购物车商品列表。

（3）将母版插入其他所有页面。删除母版时，会弹出"母版使用情况"对话框，其中列出了所有引用这个母版的页面，如图 10-19 所示。

图 10-19　母版使用情况提示

11

第 11 章

元件库

在第 1 章中介绍的元件都属于 Axure RP 自带的默认元件库。Axure RP 用户可以创建满足自己需求的元件，甚至创建自己的元件库。本章将介绍如何创建和使用自定义的元件库，并介绍一些常用元件的创建方法。

11.1 使用元件库

在学习创建元件库之前，先来学习如何下载、使用网友共享的元件库，拥有多个元件库时如何切换使用元件库。

11.1.1 下载元件库

如果默认的元件库无法满足需求，可以在 Axure RP 的官网下载更多元件库。在 Axure RP 官网上，有的元件库包含多个常用图标，如图 11-1 所示。有的元件库包含 iOS 或 Android 风格的控件，有的是针对各种应用的常用模块……总之，元件库的种类非常丰富。

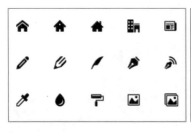  

图 11-1　种类丰富的元件库

（1）单击在元件库右上角的按钮，在弹出菜单中选择"下载元件库"命令，如图 11-2 所示，就会打开 Axure 官网的元件库列表。

（2）元件库文件保存在任意位置都可以加载到 Axure RP 中。

> 🔔 提示：
>
> 元件库文件的后缀名为 .rplib。

图 11-2　下载元件库

11.1.2 加载元件库

下载完的元件库需要加载才能在 Axure RP 中使用。单击元件库右上角的按钮，在弹出菜单中：

- 选择"载入元件库"命令，可以加载本地的元件库文件。
- 选择"从 Axure Share 载入元件库"命令，可以加载之前传到 Axure Share 平台上的元件库文件。查找时，可以输入元件库项目 ID 或通过浏览文件夹来选择，如图 11-3 所示。

图 11-3　加载元件库

11.1.3　切换元件库

单击元件库上的下拉菜单，在其中选择想要使用的元件库，即可切换使用该元件库，如图 11-4a 所示。

🔔 提示：

一般直接把元件库中的元件拖曳到画布上即可使用该元件。有些元件可能带有提示信息，单击该元件右上角的小问号即可查看，如图 11-4b 所示。

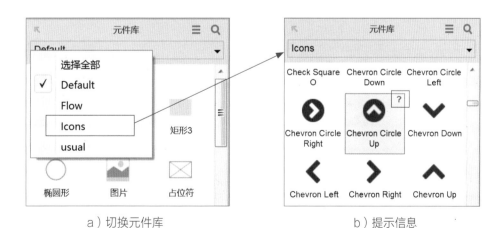

a）切换元件库　　　　　　　　　　　　b）提示信息

图 11-4　切换元件库

11.1.4 元件库的其他操作

加载新的元件库之后，可以对新的元件库进行编辑、刷新和卸载，如图 11-5 所示。

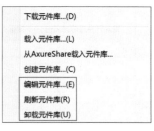

- 编辑元件库：打开元件库文件进行编辑。
- 刷新元件库：重新加载元件库。如果对元件库进行了修改，会把修改内容同步到 Axure RP 中。
- 卸载元件库：取消加载该元件库。

图 11-5 卸载元件库

11.2 创建元件库

本节介绍如何在 Axure RP 中创建自己的元件库，以及如何在元件库中添加元件，编辑元件的样式、图标等。

（1）单击元件库右上角的按钮，在弹出菜单中选择"创建元件库"命令。

（2）在弹出的对话框中，选择新建元件库文件的保存位置和名称。单击"保存"按钮后，会自动打开元件库的编辑界面，如图 11-6 所示。

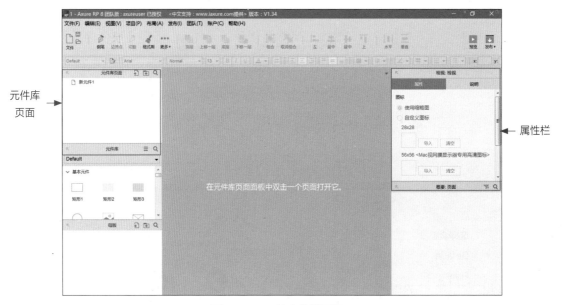

图 11-6 元件库编辑界面

（3）元件库编辑界面与原型编辑界面类似，不同之处有以下几点。

- 页面：界面左上角是元件库页面窗口。元件库的页面与原型的页面概念不同。这里的一个页面对应了一个元件库栏里的元件。

- 样式：元件库与母版一样不能设置“页面”样式。
- 属性：元件库的“页面”属性栏中不能设置交互动作。可以设置元件的提示信息，以及元件库中元件的缩略图。

（4）进入“新元件 1”页面，选择“属性”标签，如图 11-7 所示。

- 页面顶部可以选择使用页面缩略图作为图标，或者导入一个图标文件。
- 页面底部可以设置元件的提示信息。提示信息会展示在元件库中元件右上角的小问号里，如图 11-4b 所示。

（5）在“新元件 1”页面中添加一个矩形元件，选中该元件，然后选择“属性”标签，如图 11-8 所示。元件的“属性”和“样式”设置与原型界面一致。

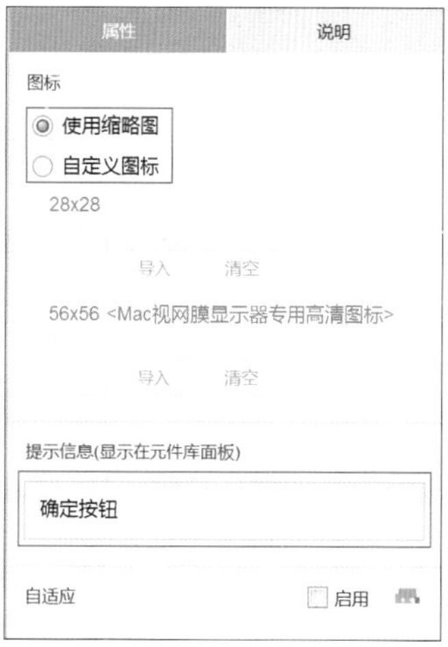

图 11-7　元件库编辑界面

图 11-8　编辑元件

（6）单击“发布”按钮，弹出菜单与原型界面一致，如图 11-9 所示。元件库发布到 Axure Share 平台上之后，可以通过“从 Axure Share 载入元件库”命令加载到 Axure RP 中。

（7）在一个新建原型中加载这个元件库，如图 11-10 所示。可以看到元件库中有一个元件“新元件 1”。缩略图上是一个“确定按钮”。单击“新元件 1”右上角的小问号会弹出提示信息。

图 11-9　发布元件库　　　　　　图 11-10　使用元件库

11.3　案例 21：自定义元件库

前两节已经介绍了元件库的使用、创建等基本操作。下面应用这些操作，做一个自定义的元件库并添加一些常用元件。

11.3.1　手机外框

做 APP 原型时经常要用到"手机外框"。只要简单地组合默认元件，就能做出"手机外框"元件。

（1）新建一个元件库，命名为"常用移动端元件"。

（2）添加一个页面，命名为"手机外框"。

（3）在页面中用矩形和椭圆形组成手机外框，如图 11-11 所示。

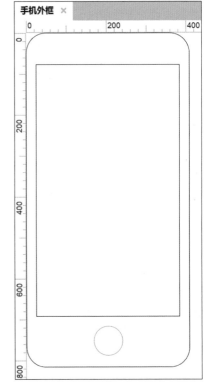

图 11-11　手机外框

11.3.2　按钮

默认元件中有"按钮"元件，但"按钮"元件缺少交互样式。在默认元件的基础上设置合适的交互样式，就可以组成新的"按钮"元件。

（1）添加一个新页面，命名为"按钮"。

（2）在按钮页面增加一个矩形，将矩形上的文字改为"确定"，如图 11-12 所示，并设置按钮的颜色。

（3）设置按钮的交互样式，如图 11-13 所示。

- 鼠标悬停：增加阴影。
- 鼠标按下：将按钮的填充色和边缘线的颜色加深。

图 11-12　添加按钮

图 11-13　设置交互样式

11.3.3　搜索框

搜索是 APP 中常见的功能，一般以搜索框或搜索按钮的形式出现，两者的交互类似单击后会进入搜索页面。

（1）添加一个新页面，命名为"搜索框"。

（2）在页面中添加矩形、椭圆形、水平线元件，组成搜索框，如图 11-14 所示。

图 11-14　添加搜索框

11.3.4　饼状图

图表做起来比较复杂，如果将常见的折线图、柱状图、饼状图等添加为元件库中的元件，做原型时效率会更高。

（1）添加一个新页面，命名为"饼状图"。

（2）在页面中添加 4 个饼状图元件，组成一个完整的饼状图，如图 11-15 所示。

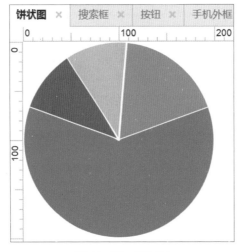

图 11-15　搜索框

11.3.5　评论

大多数资源类、电商类、社区类产品都有评论功能。做评论模块要用到很多头像、昵称等素材。把评论做成元件库中的元件，能省去不少麻烦。

（1）添加一个新页面，命名为"评论"。

（2）在"评论"页面中，添加图片、文字等元件组成一个评论列表，如图 11-16 所示。

图 11-16　添加"评论"页面

11.3.6 查看元件库

保存创建好的元件库文件，然后在一个新原型中加载这个元件库即可直接使用。加载元件库的样子如图 11-17 所示。

图 11-17 元件库

在平时的工作中，可以每做一个原型都把原型中常用的模块添加到元件库中。积累一段时间之后，就会拥有一个完备的元件库了。

12

第 12 章

团队协作

Axure RP 8.0 之前的版本只能基于 SVN 创建团队项目,所以使用团队功能的人不多。Axure RP 8.0 推出了基于 Axure Share 平台的团队项目功能,使用非常便捷,值得一用。本章就来介绍如何使用团队项目功能,进行团队协作。

12.1 团队项目介绍

团队项目功能核心的逻辑是：

- 共享。在 Axshare 平台上创建一个"团队项目"。团队的成员通过项目 ID 访问项目。
- 使用权。想修改原型时，将要用到的页面"签出"，获得页面的使用权。修改之后，再将页面"签入"，归还页面使用权。同一时间只有一个人可以获得使用权，让团队的修改不会相互影响。
- 记录。修改原型后需要写好修改说明。其他人查看说明时，可以随时了解项目的进展。

这样团队成员分工协作，项目就可以顺利进行了。

12.2 创建团队项目

假设某人已经制作出了一个原型的草稿，希望接下来由团队成员一起来完善，那么他应该创建一个团队项目，将原型共享给团队成员。

（1）打开已经做出了几个页面的原型。

（2）打开"团队"菜单，选择"从当前文件创建团队项目"命令，如图 12-1 所示。

（3）在弹出的对话框中，"团队项目位置"选择 Axure Share，"团队项目名称"填写"公众号后台"，如图 12-2 所示。

- 本地目录：Axure Share 平台上的项目文件是团队共享的，而本地目录中的项目文件是自己的。只有将共享的项目文件下载到本地才能进行修改。注意，一个目录只能存放一个项目。

- URL 加密：这个密码是指打开原型网址的密码。

（4）单击"创建"按钮后，会将本地文件上传到 Axure Share 平台。上传之后，会弹出对话框提示团队项目已创建，如图 12-3 所示。

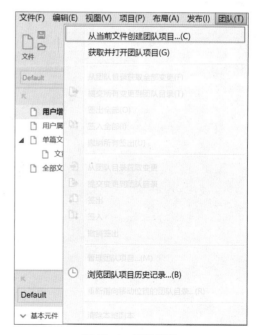

图 12-1　团队菜单

图 12-2　"创建团队项目"对话框

图 12-3　团队项目创建成功

12.3　获取团队项目文件

　　团队中一个成员创建完项目之后，其他成员就可以获取团队项目了。获取团队项目的本质就是获取团队项目文件。

12.3.1　查看团队项目 ID

　　其他成员获取团队项目前，创建者首先要把项目 ID 分享出来。项目 ID 是创建团队项目时自动生成的一段字母。

　　（1）创建团队项目完成之后，打开"团队"菜单，选择"管理团队项目"命令，如图 12-4 所示。

　　（2）在弹出的"管理团队项目"对话框中，可以在团队项目的网址中看到团队项目的 ID，如图 12-5 所示。

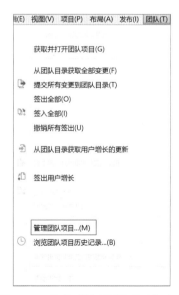

图 12-4　选择"管理团队项目"命令

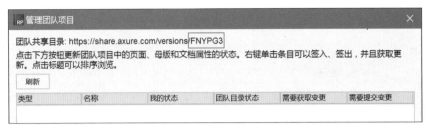

图 12-5　查看团队项目 ID

12.3.2　获取团队项目

获取团队项目 ID 之后，就可以开始获取团队项目了。在 Axure RP 中提交项目 ID，Axure RP 会自动下载项目 ID 对应的团队项目文件。

（1）在团队其他成员的计算机上打开 Axure RP，新建一个空的原型。

（2）打开"团队"菜单，选择"获取并打开团队项目"命令，弹出对话框如图 12-6 所示。

- 填写团队项目 ID。
- 选择本地目录。

（3）单击"获取"按钮后，会自动从 Axure Share 平台上下载原型文件到本地。下载成功后，弹出对话框提示团队项目文件获取成功，如图 12-7 所示。

图 12-6　"获取团队项目"对话框

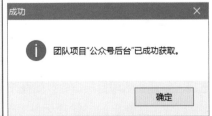

图 12-7　团队项目文件获取成功

12.3.3 查看本地文件

获取团队项目后，可以在本地查看到团队项目的文件。这些文件是团队项目在本地的一个复制版本。

（1）在本地目录中可以看到多了一个新的文件夹。文件夹的名称为团队项目的名称，如图 12-8 所示。

（2）打开这个文件夹，可以看到一个文件和一个文件夹，如图 12-9 所示。

■ DO_NOT_EDIT 文件夹，这个文件夹中存储了团队项目的配置信息和临时文件，请不要随意编辑。

■ .rpprj 文件是团队项目文件，以后直接打开这个文件即可打开团队项目。

图 12-8　本地文件夹

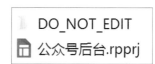

图 12-9　项目文件

12.4　修改团队项目

在团队项目中，只有获取了使用权的成员才能修改页面。团队可以随时查看所有页面正在被谁使用，还可以查看所有成员的修改记录。

12.4.1 签出

签出一个页面就是获取一个页面的使用权。有一个原型页面的使用权时，才能修改这个原型页面。

1. 未签出时无法修改

获取项目之后，查看原型页面时会发现此时原型是无法修改的，页面上多了一个蓝色的菱形标志。同时，画布右上角会出现"签出"提示，如图 12-10 所示。

2. 签出后可以修改

继续上文的案例。单击画布右上角的签出按钮后，Axure RP 会在 Axure Share 平台上将项目中的这个页面标记为已被"签出"。签出后的页面可以任意修改，该页面上的标志变成绿色的圆形，如图 12-11 所示。

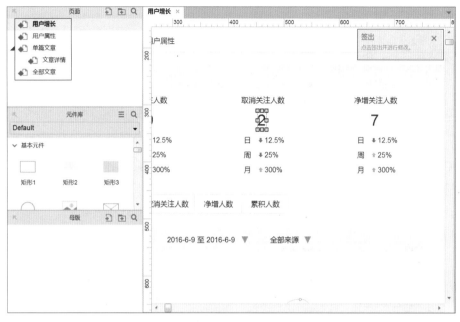

图 12-10　未签出

3. 已签出的无法再次签出

页面被一个人签出后，其他人再"签出"这个页面时，会弹出"无法签出"提示对话框，如图 12-12 所示。对话框中会列出所有无法签出的页面，并列出当前的签出人。

对于无法签出的页面，最好放弃继续编辑。如果选择"强制编辑"，以后签入时可能会导致其他人的修改被覆盖而丢失。

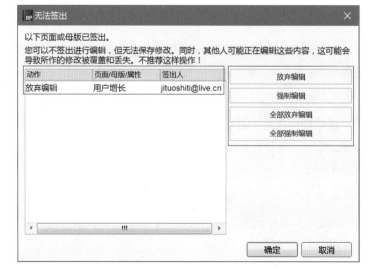

图 12-11　签出页面的标志　　　　　　　　图 12-12　无法签出

12.4.2　提交变更

签出原型页面后，可以在本地任意修改页面。提交变更之后，会将本地修改同步到 Axure Share 平台的团队项目中。

（1）修改之后，打开"团队"菜单，选择"提交所有变更到团队目录"命令。Axure RP 会将所有修改更新到 Axure Share 平台上的项目文件中。

（2）提交变更时，需要填写"变更说明"，如图 12-13 所示，记录做了哪些修改，方便团队成员了解项目的进展。

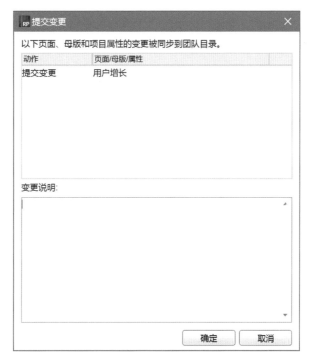

图 12-13　提交变更

12.4.3　签入

签入一个页面就是归还一个页面的使用权。归还一个原型页面的使用权后，将不能再修改这个原型页面。

（1）打开"团队"菜单，选择"签入全部"命令，即可签入页面。

（2）签入与提交变更不同。签入代表归还页面的使用权；提交变更代表将修改更新到团队项目。如不提交变更直接签入，Axure RP 会在签入时自动提交变更。

- 已经提交过变更之后再签入时，"签入"对话框中会提示不需要填写签入说明，如图 12-14a 所示。
- 修改原型之后直接签入，在"签入"对话框中可以填写签入说明，如图 12-14b 所示。

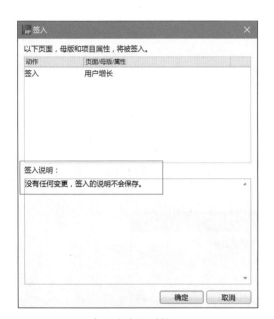 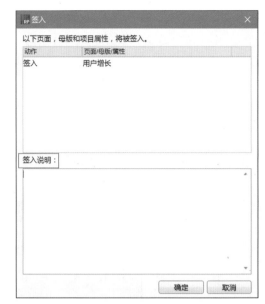

a）没有变更时签入   b）有变更时签入

图 12-14　签入

（3）签入后，原型页面恢复到"未签出"状态，页面上的标志变回蓝色的菱形，如图 12-15 所示。

图 12-15　提交变更

12.4.4　历史记录

提交变更、签入之后都会留下历史记录。历史记录中会按时间顺序标明谁对原型做了修改，修改了哪些页面等信息。

（1）在"团队"菜单中，选择"管理团队项目"命令，可以在弹出的对话框中随时查看团队项目中各页面的状态，如图 12-16 所示。

- 我的状态：我的签入、签出状态。
- 团队目录状态：该页面是否可以签出。
- 需要获取变更：如果其他人更新了该页面，我就需要获取变更。
- 需要提交变更：如果修改了页面，则需要尽快提交变更。

提示：

如果没看到数据，可尝试单击"刷新"按钮，更新数据。

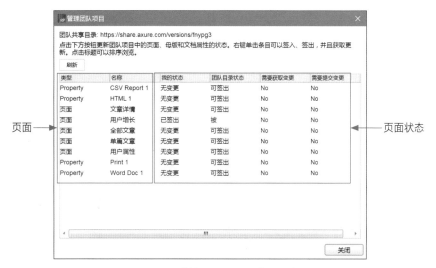

页面　　　　　　　　　　　　　　　　　　　　　　　　　　页面状态

图 12-16　"管理团队项目"对话框

（2）在"团队"菜单中，选择"浏览团队项目历史记录"命令，可以在弹出的对话框中随时查看团队项目的签入、签出记录，如图 12-17 所示。

可以自定义时间段获取历史记录。

历史记录的签入说明中包含手动输入的说明文字，以及系统自动添加的页面修改记录。

图 12-17　查看团队项目的签入、签出记录

React Native移动开发实战

作者：袁林　　书号：978-7-111-57179-7　　定价：69.00元

详解React Native应用从创建、开发到发布的全过程，展示各组件和API的用法
实战为王，通过典型项目案例，让读者快速掌握React Native应用开发

　　本书以实战开发为主旨，以React Native应用开发为主线，以iOS和Android双平台开发为副线，通过完整的电商类App项目案例，详细地介绍了React Native应用开发所涉及的知识，让读者全面、深入、透彻地理解React Native的主流开发方法，从而提升实战开发水平和项目开发能力。

　　本书共12章，分为4篇，涵盖的主要内容有搭建开发环境、Nuclide、各种命令行工具（Git、Node.js）、布局与调试、组件、API、第三方组件、基于Node.js的服务器、fetch API、AsyncStorage/SQLite/Realm数据库存储、原生平台接口开发、redux开发框架、应用打包与发布、热更新与CodePush等。

　　本书适合iOS和Android原生平台应用开发者，以及有兴趣加入移动平台开发的JavaScript开发者阅读。当然，本书也适合相关院校和社会培训学校作为移动开发的教材使用。